——有趣的机械原理

江 帆 黄海涛◎编著

电子科技大学出版社
University of Electronic Science and Technology of China Press

·成都·

图书在版编目（CIP）数据

机械王国游历记：有趣的机械原理 / 江帆，黄海涛著. —成都：电子科技大学出版社，2022.12
ISBN 978-7-5647-9996-0

Ⅰ.①机… Ⅱ.①江… ②黄… Ⅲ.①机械原理—普及读物 Ⅳ.①TH111-49

中国版本图书馆 CIP 数据核字（2022）第 236663 号

机械王国游历记——有趣的机械原理
JIXIE WANGGUO YOULIJI——YOUQU DE JIXIE YUANLI

江　帆　黄海涛　编著

策划编辑　段　勇
责任编辑　段　勇
助理编辑　黄杨杨

出版发行	电子科技大学出版社
	成都市一环路东一段 159 号电子信息产业大厦九楼　邮编　610051
主　　页	www.uestcp.com.cn
服务电话	028-83203399
邮购电话	028-83201495
印　　刷	成都新恒川印务有限公司
成品尺寸	185 mm×260 mm
印　　张	6.625
字　　数	136 千字
版　　次	2022 年 12 月第 1 版
印　　次	2022 年 12 月第 1 次印刷
书　　号	ISBN 978-7-5647-9996-0
定　　价	32.00 元

版权所有　侵权必究

前　言

制造业是国民经济的主体之一，是立国之本、兴国之器、强国之基，也是现代经济发展与产业生态体系的支撑主体，是科技与产业创新的重要载体，是创新创业的重要基础，是满足人民美好生活需求的产业基础的重要支撑。

建设制造强国，推进制造业高质量发展，不断增强我国制造业的创新能力和全球竞争合作能力，绝不是轻轻松松就能实现的，需要大量的机械专业人才支撑。青少年是国家未来的建设者和接班人，若能提升青少年对制造业的热爱，将为制造业发展提供人才储备，对建设制造强国具有重要意义。通过趣味性强的科普书籍，使青少年在轻松的故事情节中认识机械、理解机械原理，激发青少年探索机械世界的兴趣，是引导青少年选择机械专业、加入机械行业的重要手段。因而机械原理类科普书籍的编写，对激励青少年步入机械科学技术殿堂具有重要意义。

建构主义认为学习是一个不断建构的过程，是学习者根据原有的知识经验同化新知识的过程。根据这个思路，本书设计了适合青少年学习的故事情节，并配有实例图片，以期让青少年根据身边的"机构"实例，融合已有知识和新知识来建构自己的机械原理体系，从而达到传播机械基础知识的目的。

本书以主人公莫星游历机械王国的经历为主线，让青少年跟随莫星的脚步，了解"机构"的结构（构件、运动副、运动链）与组成原理（机构自由度、机构确定运动的条件等），理解花样百出的连杆机构家族（连杆机构演变，连杆机构的类型及应用、基本参数、简单设计等）、干脆利落的凸轮家族（凸轮的基本参数、类型及应用、运动规律、轮廓设计等）、相拥而动的齿轮家族（齿轮的类型及应用、基本参数），"机构"的取长补短（组合机构的类型及应用）等，吸引青少年将来从事机械行业。

本书由江帆、黄海涛创作文字稿与部分图片，林建华、黄海玲设计了文中的部分图片，江帆与林建华修订了文稿。

本书的出版得到了广东省科技计划项目（"机械王国游历记"科普作品创作，2019A141405051）、广东省本科高校教学质量与教学改革工程建设项目"机械专业创新创业课程教学团队"（粤教高函 179 号-JXTD47）、广东省省级系列在线开放课程立项课程"创新与发明"（粤教高函〔2019〕28 号）的资助，还得到了广州大学科研处、广州大学机械与电气工程学院、电子科技大学出版社等部门领导的支持，以及其他亲朋好友的大力支持，在此一并致以深深的谢意！

由于机械原理博大精深,而我们的认识水平有限,本书肯定有不妥之处,恳请各位读者给予批评指正。如果对本书有什么意见,或者有 TRIZ 应用方面的问题,以及创新想法需要技术支持,请发邮件(Email:jiangfan2008@126.com)进行探讨。谢谢!

走吧,让我们一起开始机械王国之旅吧!

编　者

2021 年 9 月于广州

目　录

第一章　初识机械王国 1
 1.1　不一般的城门 1
 1.2　合作才能赢 2
 1.3　简单尝试一下 5

第二章　花样百出的连杆家族 7
 2.1　万变不离其宗 9
 2.2　慧眼识曲柄 13
 2.3　压力角定效率 13
 2.4　死点的功与过 15
 2.5　急回之间有讲究 17
 2.6　别出心裁的杆机构 18

第三章　干脆利落的凸轮家族 20
 3.1　钥匙与锁的秘密 20
 3.2　凸轮参数知多少 21
 3.3　直来直去与摇摇摆摆 23
 3.4　成也规律、败也规律 26
 3.5　逆向找答案 31

第四章　相拥而动的齿轮家族 34
 4.1　巨大的院门 34
 4.2　琳琅满目的齿轮机构 38
 4.3　齿轮传动的秘密 44
 4.4　神奇的齿轮系 51

第五章　时停时动的间歇机构家族 55
 5.1　间歇运动靠棘轮 55
 5.2　间歇"老将"是槽轮 59
 5.3　还有不完全齿轮？ 61

5.4 擒纵机构也不赖 63
5.5 样样在行的螺旋传动 64
5.6 轴轴传动一定要对心吗？ 65
5.7 挠性传动机构 66

第六章 "机构"的取长补短 70
6.1 齿轮、凸轮很般配 70
6.2 杆与齿轮能互补 72
6.3 杆与凸轮较和谐 74
6.4 新型机构 76
6.5 机器人中的主要机构 81

第七章 效率、自锁与平衡 87
7.1 效率看性能 87
7.2 两难的自锁 87
7.3 平衡弱振动 91

告别王国再出发 96

参考文献 97

第一章 初识机械王国

嗨,大家好!我是热爱机械的莫星(图1-1),听说有个机械王国,想去看看。

莫星整理了简单的行李,查询了路线,发现20号远游列车刚好经过机械王国。于是背着他的小书包,拖着行李箱出门了,来到站台没多久就看到20号列车进站了。莫星踏上列车,找到自己的座位。巧得很,这时车厢前面挂的电视正好在播放机械王国的宣传视频(图1-2),讲着什么"构件""运动副""简图""自由度""一专多能的连杆机构""简简单单的凸轮机构"等内容,莫星虽然听不太懂,但感觉很有意思。列车速度很快,21分钟就到目的地。

图1-1 热爱机械的莫星

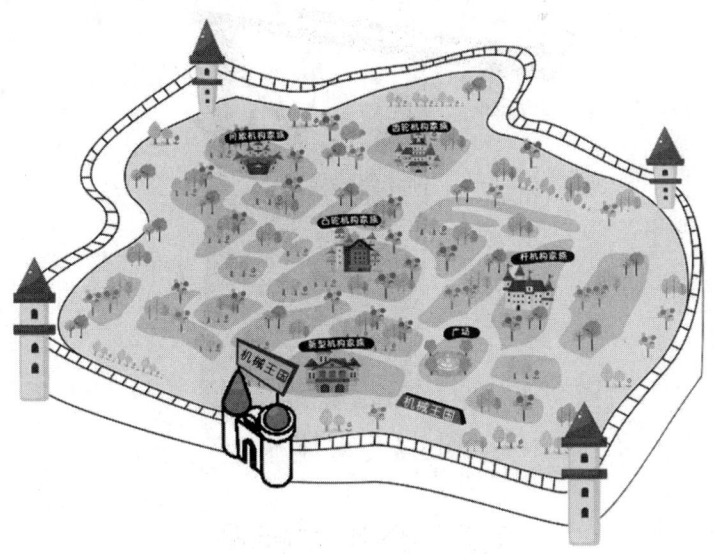

图1-2 机械王国概览

1.1 不一般的城门

下车后,莫星来到城门前,看到宏伟的城门两侧城墙上刻有王国简介,主要展示各式各样的机构。机械王国里有很多机构家族,如杆机构家族、凸轮机构家族、齿轮机构家族、间歇机构家族、新型机构家族等,每个家族就是一类机构。莫星想起有些内容依稀在 20 号列车上的宣传视频中讲过。

正当莫星认真地看着王国简介时，热心人罗智超走过来，给莫星介绍起机械王国的概况（图 1-3）。

图 1-3　莫星和罗智超

莫星想进城门一探究竟，发现城门比较奇特，跟公交车门类似，如图 1-4 所示。罗智超走过去，用脚踩了一下按钮，门轴转动，带动城门打开。莫星也不由得感叹道：“真是处处皆机构啊！”。

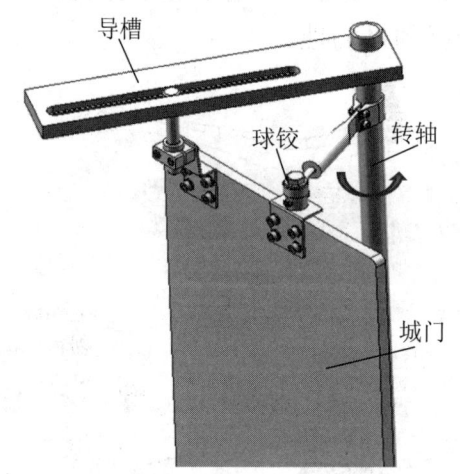

图 1-4　城门机构

1.2　合作才能赢

进入机械王国，是一个圆形的机构组成原理园。首先映入眼帘的是一个个构件与运动副，罗智超跟莫星说，一个单独的构件没有多大作用，只有几个构件通过运动副连接起来，形成机构，才能帮助人们完成特定的任务。

"你来看看"，罗智超招呼莫星来看各种类型的构件。构件的外形有杆状，也有盘状、块状等，如图 1-5 所示。这些构件可根据其形状，称为杆件、圆盘、滑块等，而杆件又有方杆、圆杆、曲杆等类型（图 1-6），同时根据构件发挥的作用不同,也可分为连杆、曲柄、摇杆、摆杆等。

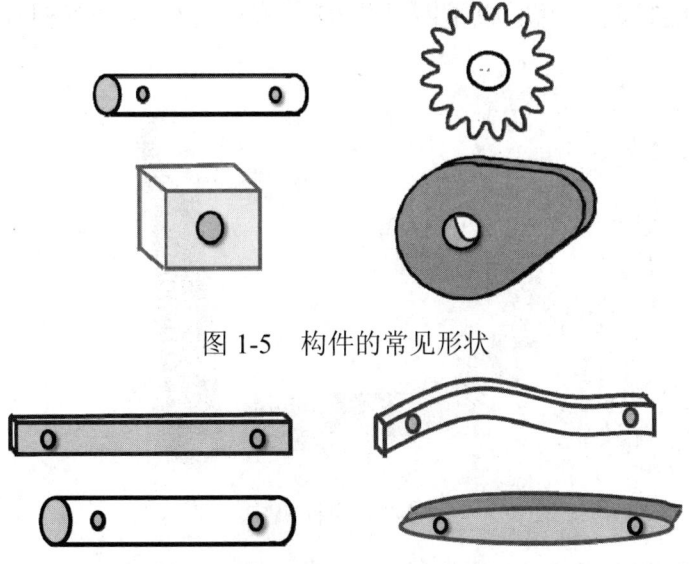

图 1-5　构件的常见形状

图 1-6　杆件的类型

看到这里,莫星问道:"这些构件上的孔是用来形成运动副吧?",罗智超点头称是,并拿起两个杆件,用销钉连接起来。"你看,这样杆件连接起来了,连接的地方就是运动副。"罗智超又说道。运动副是两构件直接接触,并组成能相互运动的活动连接,常见的运动副如图 1-7 所示。如果只考虑常见的平面运动副,则如图 1-8 所示。常见的运动副有低副与高副之分,低副是两个构件以面接触,而高副是两个构件以点或线接触;其中,低副又分为转动副与移动副(或滑动副)。

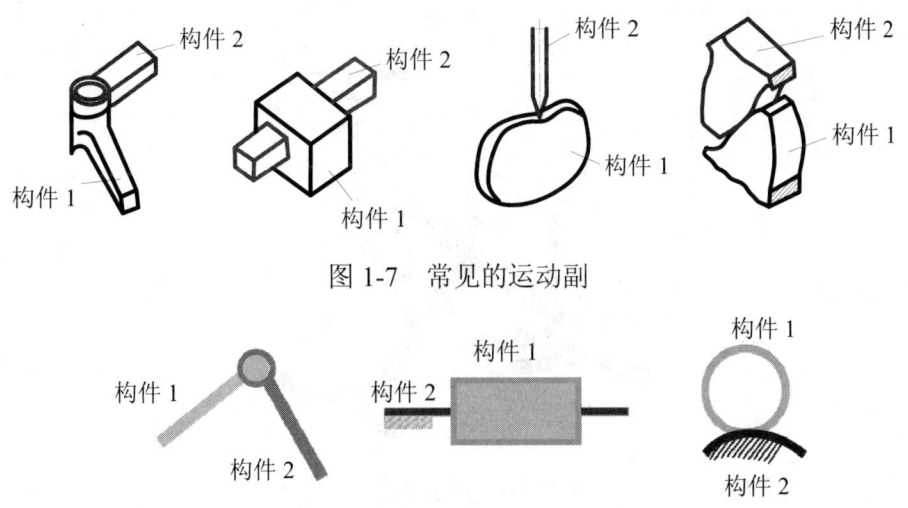

图 1-7　常见的运动副

图 1-8　常见的平面运动副

罗智超接着用转动副把四根杆件首尾连接起来（图1-9），对莫星说："你看，四根杆件连接起来就形成了四杆机构，所以说构件只有相互连接起来才能发挥作用。"

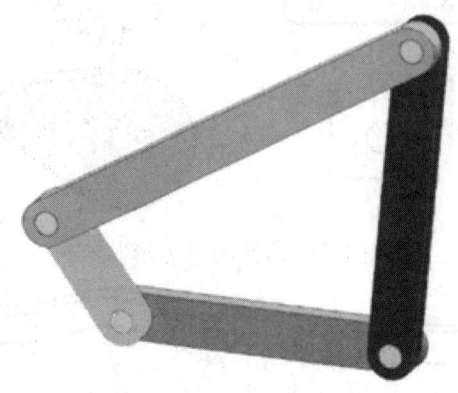

图1-9　四杆机构

罗智超指着机构组成原理园远处，对莫星说："我们过去看看那个机构。"走近一看，莫星发现这个机构就是自己小区的健骑机。罗智超看到茫然的莫星，笑道："很多健身器材都是机构。"

罗智超继续介绍道，像这个健骑机（图1-10）一样，机构是由若干个构件组成的系统，各构件间具有确定的相对运动。在机构中，机架是相对固定不动的构件，机构中按给定的已知运动规律独立运动的构件为原动件，而其余活动构件则为从动件。当原动件确定后，其余从动件随之做确定的运动，此时机构的运动就确定了。在这个健骑机中，构件1是机架，构件3是原动件，当用手和脚驱动构件3时，构件2与构件4的运动是确定的。

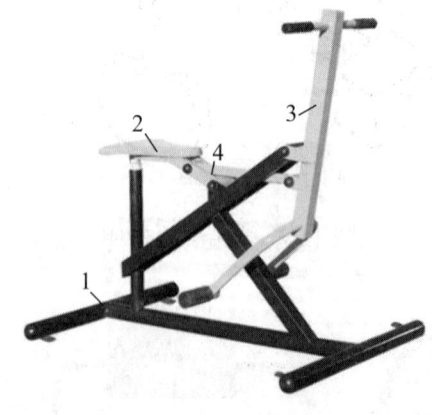

图1-10　健骑机机构

罗智超觉得讲得不过瘾，继续介绍旁边的划船机构（图1-11），该机构由构件底座 1、支杆 2、摇杆 3、座位杆 4 组成,其中底座 1 是机架,摇杆 3 为原动件。通过手推动摇杆 3,实现座位杆 4 的前进与后退。

图 1-11　划船机

罗智超介绍完健骑机与划船机的机构组成后,问莫星:"你说两个机构是一样的吗?"莫星说:"不同啊,一个是健骑机,一个是划船机。"罗智超笑道:"他们的结构形式看起来不同,但实质上是一样的,都是简单的四杆机构,你可以看看他们的简图都可以表示成图 1-12。"

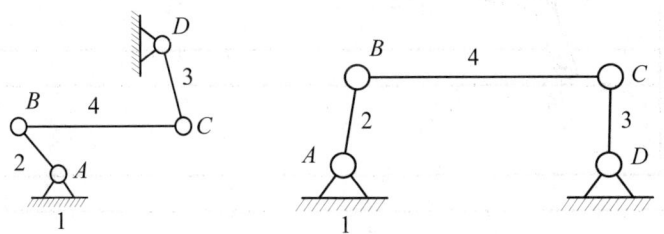

图 1-12　机构简图

莫星明白了,原来看起来不同的东西,其实原理是一样的,真是万变不离其宗啊。莫星问道:"机构有哪些类型?"他突然想起城门侧边墙上的简介中说有连杆机构、凸轮机构、齿轮机构等。罗智超说:"对,常见的机构有连杆机构、凸轮机构、齿轮机构、组合机构、间歇机构等,后面会陆续碰到他们的。"

1.3　简单尝试一下

罗智超看到莫星也基本了解了机构,就带他到机构组成原理园的动手区,搭建满足要求的机构。莫星非常高兴,能动手尝试一下,解决一些问题该多好。

到了动手区,发现很多游客在认真地搭建机构,莫星与罗智超也找到管理员袁园,请求搭建一个机构。这里搭建机构是需要按任务搭建的,袁园给了他们一个任务纸条和一套搭建零件盒。

罗智超接过搭建零件盒,莫星接过任务纸条,一看上面写道:请用简单的机构实现筛分功能。莫星跟罗智超商量起来,罗智超告诉他,用一个简单的平行四边形机构和一个曲柄摇杆机构组合即可。莫星有点似懂非懂,但还是跟着罗智超一起开始动手搭建。

螺栓与型材和角块连接,组成机架,杆件与转动副、支撑座都有现成的,只需用螺栓连接在机架上。不一会的工夫,他们就搭建完了,如图1-13所示。

看着搭建好的筛分机构,罗智超给莫星简单讲解了一下筛分原理,便找袁园验收了,袁园表扬他们完成得很好。通过简单的机构搭建,莫星对机构的认识越来越清晰了,也感觉有些累了,就向热心的罗智超致谢告别,来到旁边的经典苑客栈住下来,打算先休息下,后面再慢慢逛。

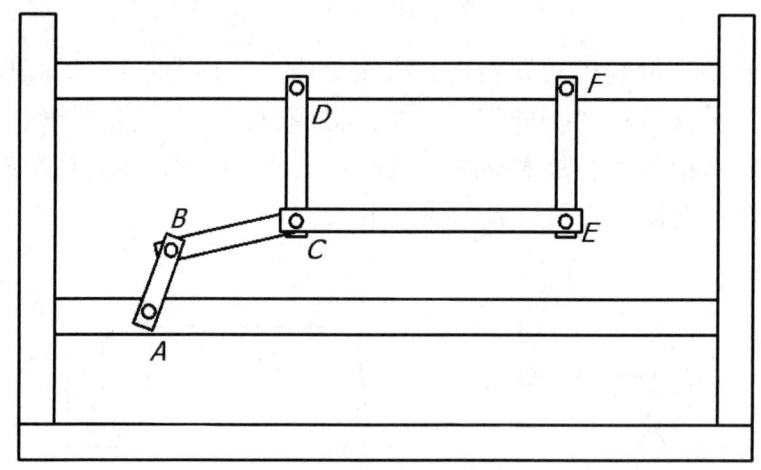

图1-13 搭建的筛分机构

第二章　花样百出的连杆家族

这是一个阳光明媚的星期天，莫星在客栈睡得很香。突然被外面的礼炮声吵醒，阳光都照进来了，莫星赶紧起床，走向窗户往外看，发现街道上人山人海，十分热闹。

"哈哈，估计又有好戏看。"莫星暗自高兴，快速洗漱完毕，就出门了。在排队买早餐时他恰好遇到了罗智超，才知道今天是连杆机构家族一年一度的开放日，这些人大多是去连杆机构家族参观的。

"连杆机构是什么啊？"莫星好奇地问道。"等下边吃边聊。"罗智超说道。他们买了早餐，坐在餐桌旁开始吃早餐。罗智超把连杆机构家族派发的传单（图2-1）给莫星，并开始简单介绍起连杆机构。

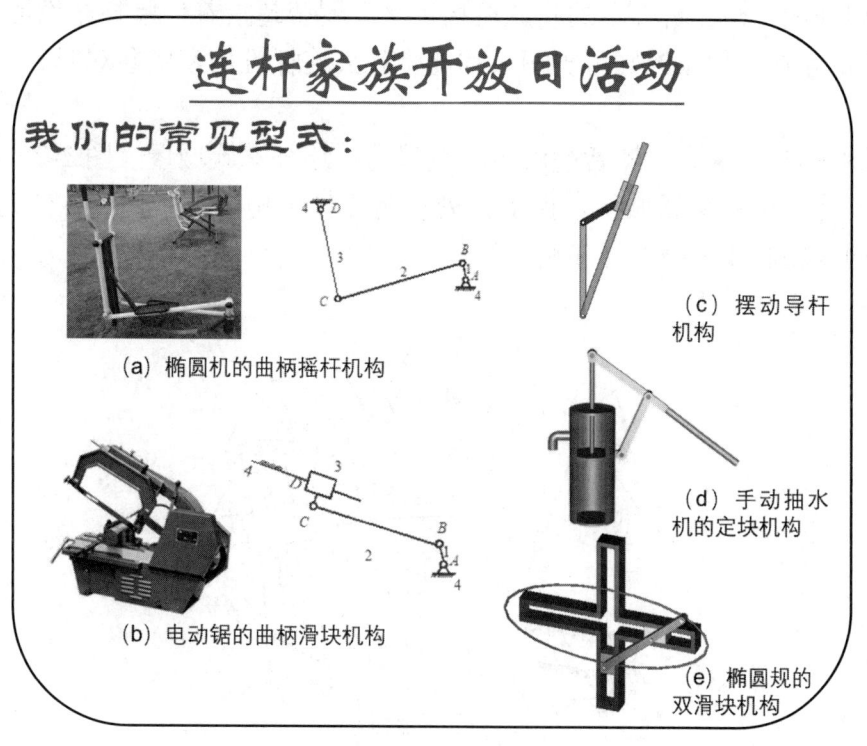

图 2-1　开放日宣传单

连杆机构又称低副机构，是由两个以上有确定相对运动的构件用低副（转动副或移动副）联接组成的机构。平面连杆机构是一种常见的传动机构，在机构家族有重要地位。

罗智超接着给莫星介绍连杆机构的优点：

1. 连杆机构中的运动副元素为面接触，压力较小、承载能力较大、润滑好、磨损小，加工制造容易，工作可靠。

2. 在原动件运动规律不变的条件下，改变各构件的相对长度，可以使从动件得到不同的运动规律。

3. 连杆上各点的运动轨迹是各种不同形状（称为连杆曲线），其形状随着各构件相对长度的改变而改变，形式多样的连杆曲线，可以满足一些特定工作的需要。

当然连杆机构也有缺点：

1. 连杆机构的运动要通过中间构件进行传递，因而传动路线较长，机械效率较低。

2. 在连杆机构运动中，连杆及滑动所产生的惯性力很难消除，因此连杆机构不适用于高速运动。

"连杆机构在生活中有广泛应用，除了传单上列出的，还有缝纫机踏板机构、汽车车门开闭机构、折叠伞的收放机构等。"罗智超指着传单补充说道。

"感觉连杆机构家族好厉害啊！你能带我去连杆机构家族参观吗？"莫星兴奋地问。

"当然啊！"说完，罗智超就带着莫星前往连杆家族城堡（图2-2）。

进入连杆机构家族城堡，街上到处都是连杆机构，莫星问道："这些都是连杆机构家族的成员吗？好多啊！"

图 2-2 连杆家族城堡

"连杆机构是最经典的机构,所以连杆家族的成员确实很多"罗智超回答道,"你前面也见过一些连杆机构的。"

"例如平面四杆机构的成员包括曲柄摇杆机构、双曲柄机构、双摇杆机构、曲柄滑块机构、转动导杆机构、定块机构、双滑块机构等。其他的还有曲柄摇块机构、曲柄移动导杆机构……"罗智超像机关枪那样说出一连串连杆机构家族的成员的名字,把莫星给搞迷糊了。

"他们的成员这么多,怎么才能记清楚他们每个成员的名字啊,忘记了或者叫错名字得多尴尬啊?"莫星说道。

"慢慢来,后面你会发现规律的。"罗智超解释道。

这时,莫星发现前面有一座平面四杆机构博物馆,有很多人在排队。之前听罗智超说过平面四杆机构是多杆机构的基础,莫星就想先了解一下平面四杆机构的基本知识,于是和罗智超一起排队进入平面四杆机构博物馆。

2.1　万变不离其宗

一进入博物馆,讲解员在展台上介绍平面四杆机构的基本型式,背后有个屏幕在播放一些平面四杆机构的动画。

图 2-3 是平面四杆机构的基本型式,它所有运动副都是转动副,这种平面四杆机构叫**铰链四杆机构**,其他型式的四杆机构可以看作是由铰链四杆机构演变而来的。在这个机构中,构件 4 为机架(自由度为零,不能运动),与机架相连的构件 1 和 3 叫**连架杆**。在连架杆中,能绕其轴线旋转 360° 的叫**曲柄**;只能绕其轴线往复摆动的,叫**摇杆**。不与机架相连的构件(图 2-3 中构件 2)叫**连杆**。

按照两连架杆运动形式的不同,可将铰链四杆机构分为以下三种型式类型。

1. 如果平面四杆机构的两个连架杆中,一个是曲柄,另一个是摇杆,这种平面四杆机构就叫**曲柄摇杆机构**。如图 2-4 所示的雷达天线机构。

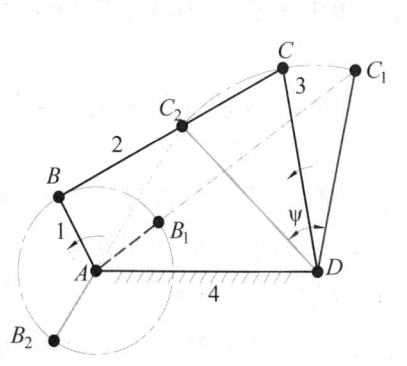

图 2-3　平面四杆机构的基本型式

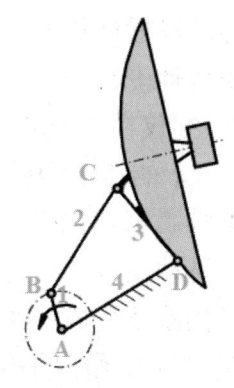

图 2-4　雷达天线机构

2. 如果平面四杆机构的两个连架杆中，两个都是曲柄，这种平面四杆机构就叫**双曲柄机构**。如图 2-5 所示的惯性筛机构。

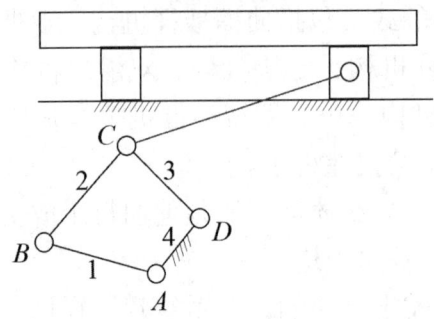

图 2-5 惯性筛机构

3. 如果平面四杆机构的两个连架杆中，两个都是摇杆，这种平面四杆机构就叫**双摇杆机构**。如图 2-6 所示的汽车转向机构。

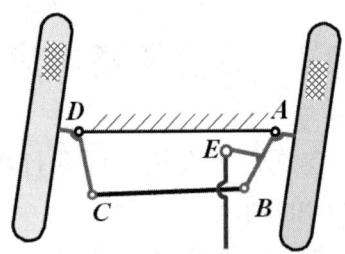

图 2-6 汽车转向机构

讲完平面四杆机构的基本型式后，讲解员开始介绍平面四杆机构的演变史，讲述铰链四杆机构如何演变成其他型式的四杆机构。

除铰链四杆机构外，还有其他型式的四杆机构，这些四杆机构可以由基本型式演变而成，主要通过两种演变方法。

第一种方法：将转动副转化成移动副

以图 2-7（a）所示的曲柄摇杆机构为例，摇杆 3 上的点 C 的运动轨迹是以 D 为圆心，以摇杆长 l_{CD} 为半径所作的圆弧。如果将它改为图 2-7（b）的形式，机构运动特性没有变化。

构件 3 仅在部分环形槽内运动，若将环形槽的多余部分除去，可以得到图 2-7（c）所示的弧形滑道的连杆机构。

如果将弧形槽的半径增加到无穷大（小段的圆弧趋于直线），则弧形槽变成直槽，转动副也就转化为移动副，构件 3 也就由摇杆变成了**滑块**，这样，铰链四杆机构就演变成如图 2-7（d）所示的滑块机构了。机构中滑块 3 上的转动副中心在定参考系中的移动方位线不通过连架杆 1 的回转中心，这种机构就叫

偏置滑块机构。图中 e 是连架杆转动中心至滑块上转动副中心的移动方位线的垂直距离,称为**偏距**。

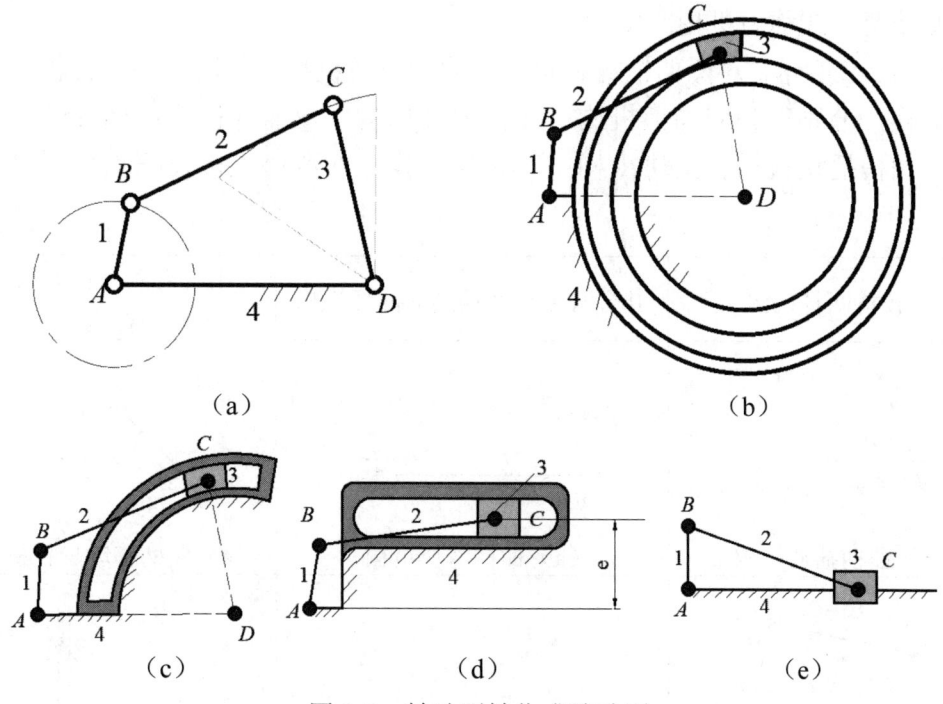

图 2-7 转动副转化成移动副

在图 2-7(e)所示的机构中,滑块上的转动副中心移动方位线通过曲柄回转中心,这种机构就叫**对心滑块机构**。

进行类似演变,可在滑块机构的基础上,将转动副 A 演变成移动副,得到如图 2-8(a)所示的双滑块机构。

也可将构件 2 与 3 之间的转动副变成移动副,得到如图 2-8(b)所示的曲柄移动导杆机构(又称正弦机构)。

若将转动副 B 变成移动副,则可得到图 2-8(c)所示的正切机构。

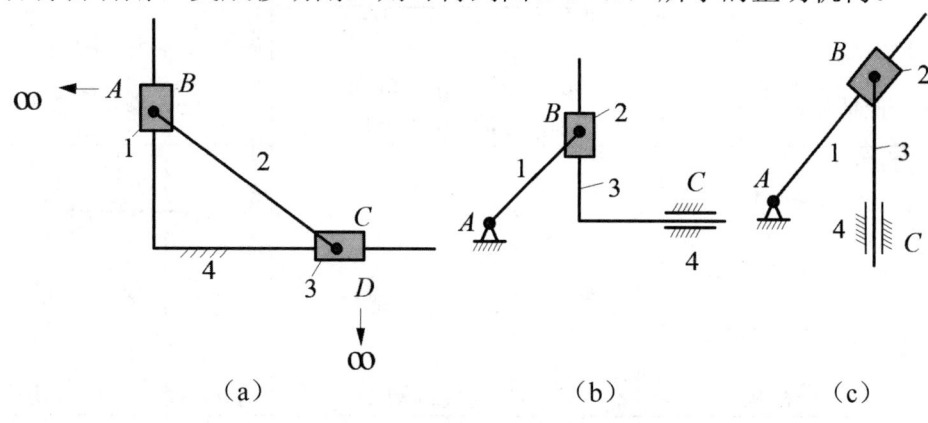

图 2-8 具有两个移动副的平面连杆机构

第二种方法：选取不同构件为机架

选取不同构件为机架时，可以得到不同型式的机构。这种采用不同构件为机架的演变方式称为机构的倒置。

如图 2-9 所示，对原曲柄摇杆机构、曲柄滑块机构、曲柄移动导杆机构进行倒置变换，分别得到双曲柄机构、曲柄摇杆机构、双摇杆机构；曲柄转动导杆机构、曲柄摇块机构、定块机构；双转块机构、双滑块机构及摆动导杆滑块机构等。

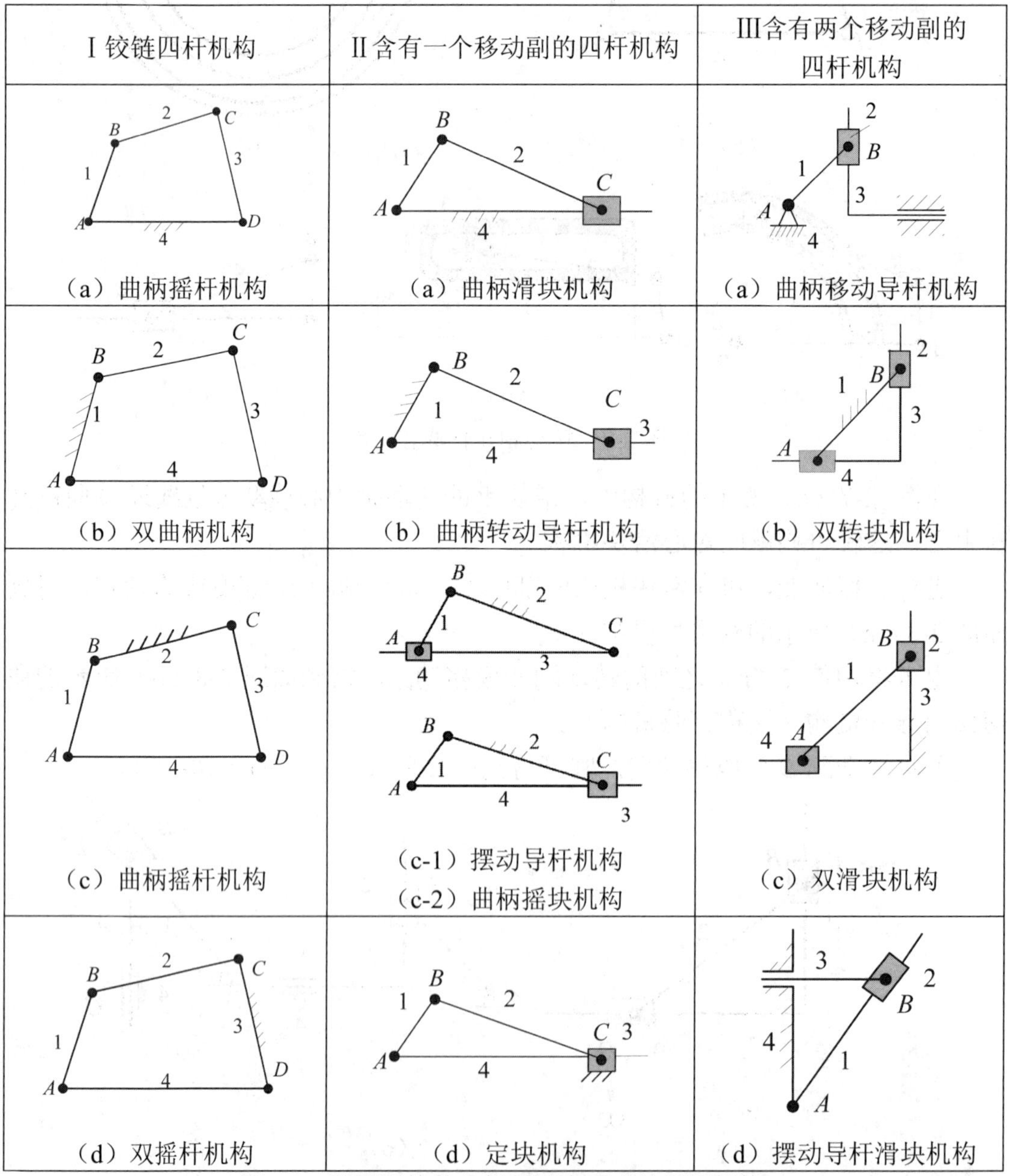

Ⅰ 铰链四杆机构	Ⅱ 含有一个移动副的四杆机构	Ⅲ 含有两个移动副的四杆机构
（a）曲柄摇杆机构	（a）曲柄滑块机构	（a）曲柄移动导杆机构
（b）双曲柄机构	（b）曲柄转动导杆机构	（b）双转块机构
（c）曲柄摇杆机构	（c-1）摆动导杆机构 （c-2）曲柄摇块机构	（c）双滑块机构
（d）双摇杆机构	（d）定块机构	（d）摆动导杆滑块机构

图 2-9 取不同构件为机架演变而成的四杆机构

莫星认真听着，知道了把铰链四杆机构的转动副转化成移动副，或者取铰链四杆机构的不同构件为机架，就能把铰链四杆机构演变成其他型式的四杆机构。

但莫星又有了新的疑问，铰链四杆机构演变成其他型式的四杆机构后，构件之间相对运动会改变吗？罗智超告诉他，虽然选择了不同构件做机架，四杆机构型式变化了，但其中两个构件的相对运动关系没有改变。他们又逛了一小会儿，发现其中一个展台上有讲解员在介绍平面连杆机构的共性知识。

2.2 慧眼识曲柄

此时讲解员正在介绍有曲柄的平面四杆机构。在实际工作中，驱动机构运动的原动机（如电动机、内燃机等），通常是做整周转动的（360°的圆周运动），因此要求机构的主动件做整周转动，也就是说，机构中要存在曲柄。

平面铰链四杆机构有曲柄的条件为：

1. 连架杆与机架中必有一杆为四杆机构中的最短杆。
2. 最短杆与最长杆的杆长之和应小于或等于其余两杆的杆长之和（通常称此条件为杆长和条件）。

在铰链四杆机构中，如果最短杆与最长杆的长度之和大于其他两杆的长度之和，则不论选定哪一个构件为机架，均无曲柄存在，该机构只能是双摇杆机构。

讲完这些，讲解员叫道："有奖竞猜了"，便开启了有奖竞猜环节，游客立马安静了许多。"最长杆的长度应小于其他三杆长度之和，这句话对不？"讲解员开始提问了。

莫星赶快举手回答，认为是对的。讲解员微笑道："你答对了，到游客服务处领一个小奖品吧。"莫星高兴地去领了一个曲柄摇杆机构的模型，在把玩的过程中，突然想到，如何比较铰链四杆机构的传力效果呢？讲解员劝他不要着急，说道："传力效果关键看压力角，下面继续介绍四杆机构的压力角与传动角。"

2.3 压力角定效率

什么是压力角？以图 2-10（a）为例，在忽略摩擦力、惯性力和重力的情况下，机构中驱动输出件的力的方向与输出件上受力点的速度方向之间的锐角称为机构的**压力角**，用 α 表示。

在铰链四杆机构中，主动件 AB 上的驱动力通过连杆 BC 传给输出件 CD 的力为 F，F 沿 BC 方向作用，将力 F 沿受力点 C 的速度 V_C 方向和垂直于 V_C 方向分解，得到有效分力 F_t 和无效分力 F_n，其中 $F_t = F\cos\alpha$，$F_n = F\sin\alpha$。α 越小，F_t 越大。

因此，在力 F 一定的条件下，F_t、F_n 的大小完全取决于压力角 α，所以压力角 α 是反映机构传力效果好坏的一个重要参数。而传动角 γ 与则压力角 α 互为余角，用传动角 γ 来检验机构的传力效果更方便。

以图 2-10（a）为例，传动角 γ 的值是随机构构件运动变化的，传动角 γ 的值越大，机构的传力效果越好。

当角 δ 为锐角时，$\gamma = \delta$，如图 2-10（a）所示；当角 δ 为钝角时，$\gamma = 180° - \delta$，如图 2-10（b）所示。因此 δ 在具有最小值 δ_{min}，如图 2-10（c）所示，或最大值 δ_{max} 的位置时，可能出现传动角的最小值。比较这两个位置的传动角，可求得最小传动角 γ_{min}。

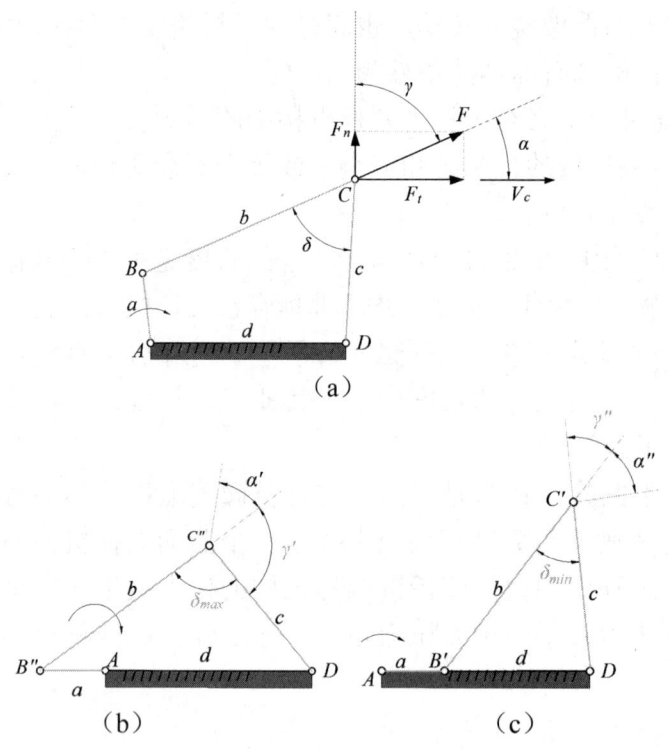

图 2-10 四杆机构压力角和传动角

听完讲解员的介绍后，莫星知道了压力角越小（传动角越大），机构的传力效果越好。于是按照讲解的方法，把自己手中的曲柄摇杆机构的最小传动角也计算了一下。之后他又发现以摇杆为主动件转动，当其他两个运动构件处于同一直线时的位置时，不论用多大的力，都不能使机构转动。于是莫星找讲解员询问原因，讲解员回答说这是因为机构处于死点位置，正好，接下来准备介绍平面四杆机构的死点。

2.4 死点的功与过

在忽略摩擦力、惯性力和重力的情况下,当机构处于 $\alpha = 90°$($\gamma = 0°$)的位置时,$F_t = F\cos 90° = 0$。因此,无论给机构主动件上的驱动力或驱动力矩有多大,都不能使机构运动,这个位置称为机构的**死点**位置。

图 2-11(a)所示为缝纫机中的曲柄摇杆机构,主动件是踏板(即摇杆)CD,输出件是曲柄 AB。从图 2-11(b)可知,当曲柄与连杆共线时,$\gamma = 0°$,主动件摇杆给输出件曲柄的力将沿着曲柄的方向,不能产生使曲柄转动的有效力矩,无法驱使机构运动。

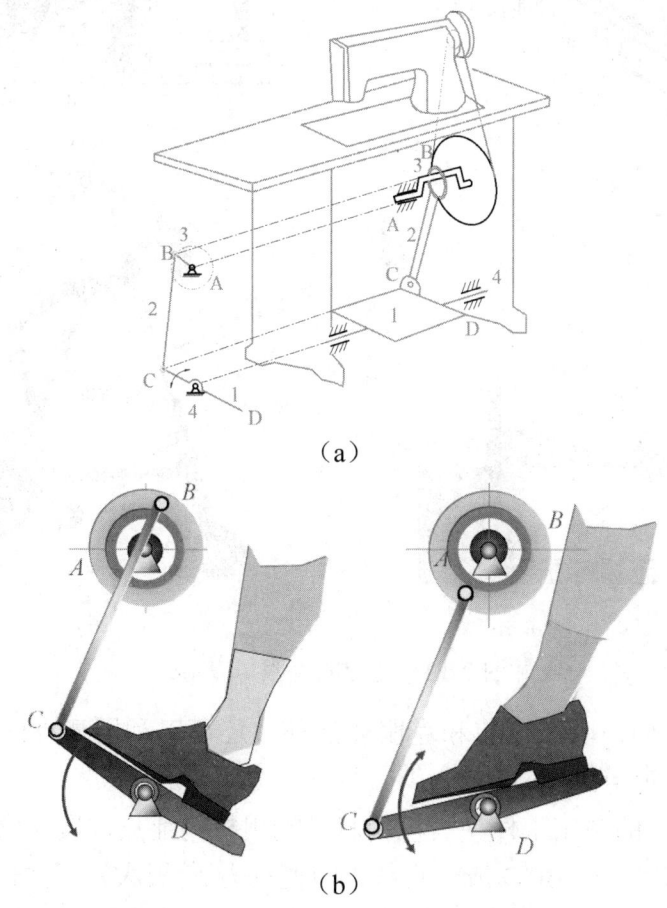

图 2-11 缝纫机中的曲柄摇杆机构

为了使机构能顺利地通过死点,继续正常运转,可以采用以下方法:

1. 在输出曲柄上安装飞轮(如内燃机安装的飞轮),借助飞轮的惯性,使机构闯过死点。

2．借助特别的结构避开死点，如图 2-12（a）所示，曲柄滑块机构中，曲柄与连杆的铰链连接改为曲槽连接，这样可以避免滑块为主动件时，机构存在死点位置的情况。

3．采用多个主动件机构驱动同一个曲柄，但各主动件机构死点位置不同，从而渡过死点。

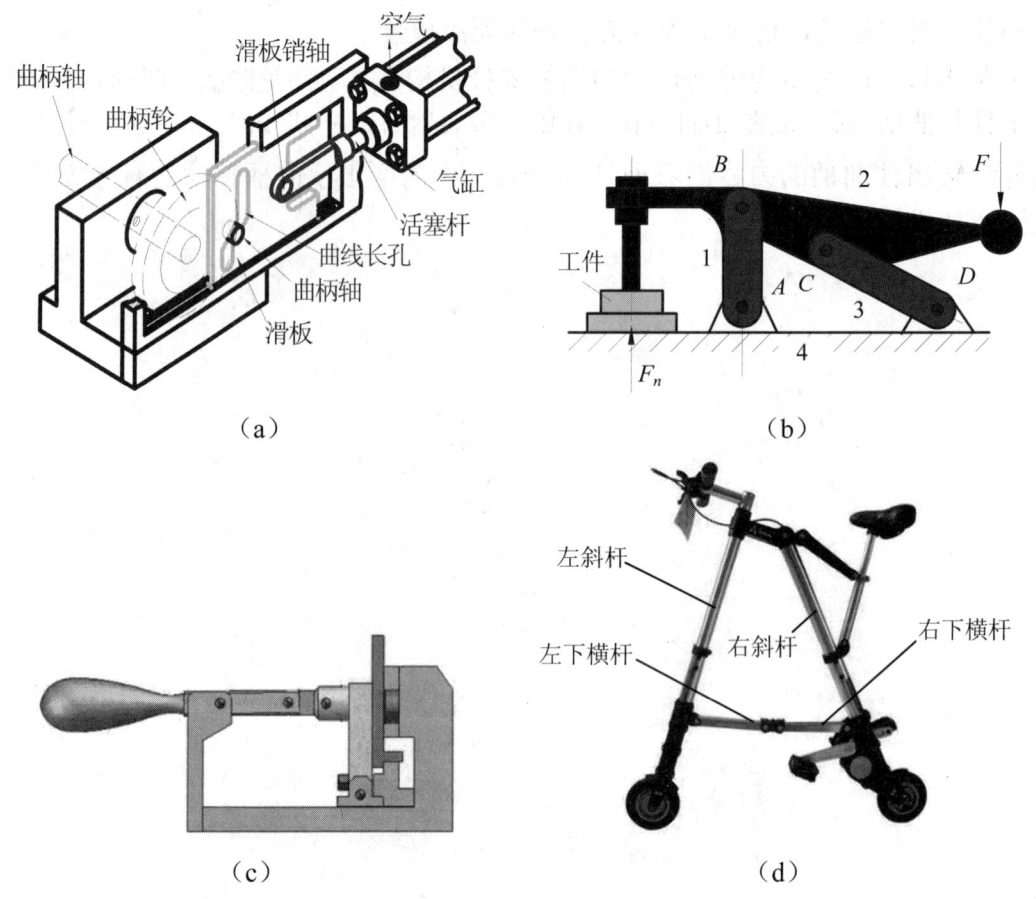

图 2-12 死点的克服与应用

在工程实际中，除了避免和克服死点外，还可以利用死点的特性来实现某些工作。讲解员说道。

图 2-12（b）的钻床工件夹紧机构就是利用机构死点位置夹紧工件的例子。在工件夹紧状态时，使 BCD 成一直线，即使反力 F_n 很大，工件也不会松脱，从而保证工件处于夹紧状态而不发生变动。图 2-12（c）也是一个利用死点位置的工件夹紧装置。

图 2-12（d）的折叠单车，左下横杆和右下横杆共线时，也处于死点位置，两边的斜杆无论作用多大的力，也不会使中间的梯形框架变形，从而保证了骑行安全。

小小的连杆机构，其中的学问真多啊！莫星在想，连杆机构估计还有别的特点。"其实平面四杆机构还有个急回特性。"讲解员仿佛知道他的想法，开始介绍连杆机构的急回特性。

2.5 急回之间有讲究

在图 2-13 所示的曲柄摇杆机构中，当曲柄 AB 为原动件并做等速转动时，摇杆 CD 为从动件并做往复变速摆动。曲柄在回转一周的过程中与连杆 BC 有两次共线，这时摇杆 CD 分别位于极限位 C_1D 和 C_2D。由图可以看出，曲柄相应的两个转角 α_1 和 α_2 分别为 $\alpha_1 = 180° + \theta$，$\alpha_2 = 180° - \theta$，其中 θ 是摇杆处于两极限位置时，相应的曲柄位置线所夹的锐角，称之为**极位夹角**。由于 $\alpha_1 > \alpha_2$，当曲柄以等角速度 ω 转过这两个角度时，对应的时间 $t_1 > t_2$，因此 $v_1 = \frac{\overparen{C_1C_2}}{t_1} < v_2 = \frac{\overparen{C_2C_1}}{t_2}$。

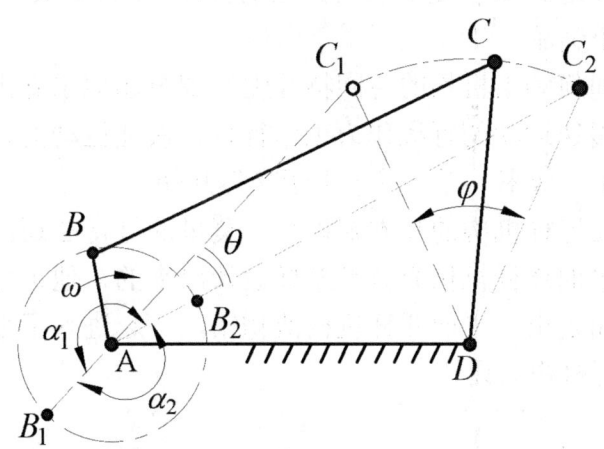

图 2-13 曲柄摇杆机构的急回特性

由此可知，当曲柄等速转动时，摇杆来回摆动的平均速度不同，且返程速度较往程速度快，即摇杆的运动具有**急回特性**。

为了表征急回运动的特性，引入机构输出件的行程速度变化系数 K。K 为空回行程和工作行程平均速度 v_2、v_1 的比值，即 $K = \frac{v_2}{v_1} = \frac{180° + \theta}{180° - \theta}$。

综上所述，平面四杆机构具有急回特性的条件是：
1．原动件等角速度整周转动。
2．输出件具有正、反行程的往复运动。
3．极位夹角 $\theta > 0°$。

"又有竞猜了"讲解员大声喊道，"大家看一下这两个图，图 2-14（a）所示的偏置曲柄滑块机构和图 2-14（b）所示的导杆机构，它们是否有急回特性？"

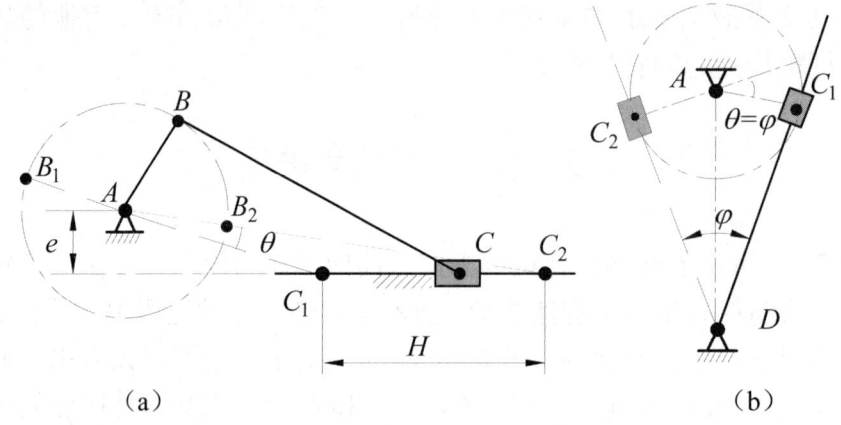

（a） （b）

图 2-14 四杆机构的极位夹角

话刚落音，莫星和罗智超立马举手，这次罗智超快一点，他回答道，"这两个机构的极位夹角 $\theta > 0°$，是具有急回运动特性"。讲解员点头示意回答正确，让罗智超去领一个奖品。

莫星在想，如何利用机构的急回特性呢？罗智超似乎看出了他的心事，说道："将机构的慢速运动的行程作为工作行程，快速运动的行程为空回行程，便能提高机械的生产效率。"莫星一下子豁然开朗。

在了解完平面连杆机构的基本知识后，莫星的好奇心还没得到满足，他在想，这些美妙的平面连杆机构究竟是怎样设计出来的，他也想自己设计一个。于是莫星和罗智超走出了平面四杆机构博物馆，一起进入了平面四杆机构设计坊，了解平面四杆机构的设计。

2.6 别出心裁的杆机构

"平面四杆机构的设计任务与设计方法较多，"罗智超说道，"我们去看。"

于是罗智超把莫星带到"已知活动铰链中心的位置，设计四杆机构"的展位前，一位讲解员正在讲解这种情况下的四杆机构设计。

假设连杆上两个活动铰链中心 B、C 的位置已经确定（图 2-15），要求在机构运动过程中连杆能依次占据三个位置。设计的任务就是要确定两个固定铰链中心 A、D 的位置。在铰链四杆机构中，活动铰链 B、C 的轨迹为圆弧，A、D 分别为其圆心。因此，可分别作 B_1B_2 和 B_2B_3 的垂直平分线，其交点即为固定铰链 A 的位置；同理，可确定固定铰链 D 的位置，连接 AB_1、C_1D，可得所求四杆机构。

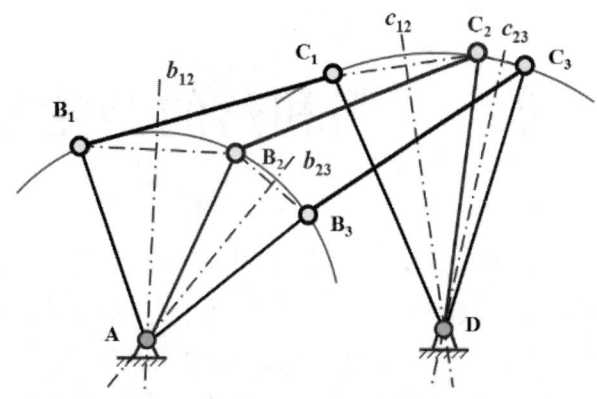

图 2-15 按铰链中心位置设计四杆机构

这种情况非常简单，莫星和罗智超都在绘图区设计完自己的平面四杆机构，这次莫星设计的是一个步进移动物料的机构，如图 2-16 所示。罗智超搭建了另外一种步进移动物料的机构，如图 2-17 所示。他们互相介绍了各自机构的运动原理，也让讲解员点评了下，莫星感觉连杆机构家族还是能执行很多工作，也挺有趣的。

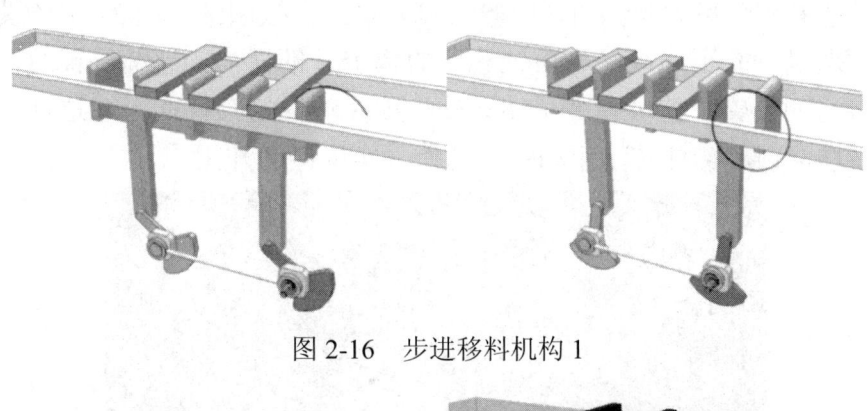

图 2-16 步进移料机构 1

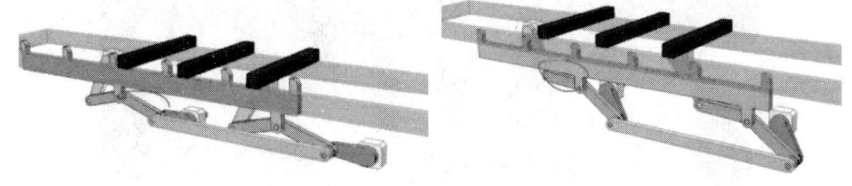

图 2-17 步进移料机构 2

太阳开始落山了，莫星在夕阳下结束了一天的行程，告别罗智超，回到客栈休息，准备养足精神，迎接后面的旅程。

第三章　干脆利落的凸轮家族

"太阳当空照，花儿对我笑，小鸟说早早早……"莫星隐隐听到外面小孩的歌声，才慢慢睁开眼来，发现太阳已经升起来了。这几天在机械王国游览得很充实，莫星每次都睡得很香。"不行，得起床继续游览"，莫星决定赶紧起床，利索地穿戴、洗漱之后，就打算出门了。莫星正用钥匙锁门时，罗智超过来找他了，看到莫星正在锁门，就告诉他这个钥匙是一个凸轮。"啊？钥匙是凸轮！"莫星非常惊讶。

3.1　钥匙与锁的秘密

罗智超看到莫星如此惊讶，哈哈大笑，拿出一张图纸（图3-1）给莫星介绍起来。钥匙是一个平面凸轮，而锁芯内的弹子是推杆，钥匙插进锁芯，将弹子推动到合适的位置，使所有弹子端面处于锁芯转柱的圆柱面上，这样就可以转动锁芯转柱，锁芯转柱转动驱动锁闩动作，实现锁的开闭。

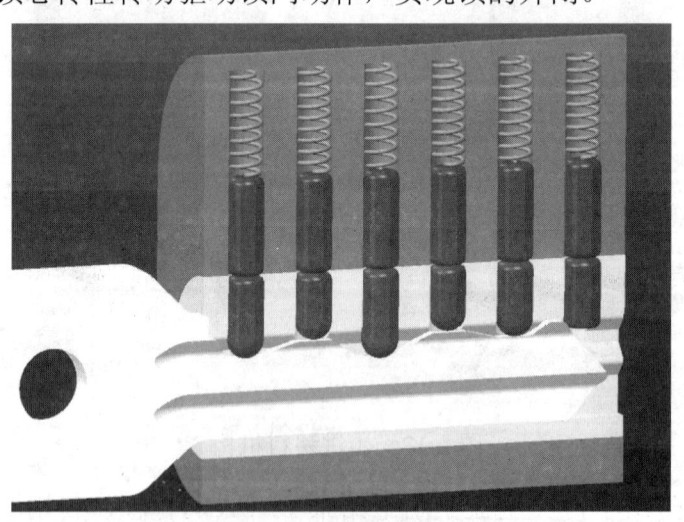

图3-1　钥匙开锁原理

"哦，原来是这样，凸轮机构这么奇妙啊！"莫星听了不禁啧啧称奇。于是锁好门，和罗智超下楼去吃早餐，然后准备去凸轮家族看看。

3.2 凸轮参数知多少

在去凸轮家族的路上,罗智超给莫星介绍起凸轮机构的组成与基本参数。

凸轮机构是由凸轮、从动件和机架组成的(图 3-2)。凸轮是具有曲线轮廓或凹槽的构件,一般作为主动件(做等速回转运动),被凸轮直接推动的构件称为从动件(也称推杆,摆动时称为摆杆)。凸轮机构被广泛应用于各种自动机械、仪器和操纵控制装置。

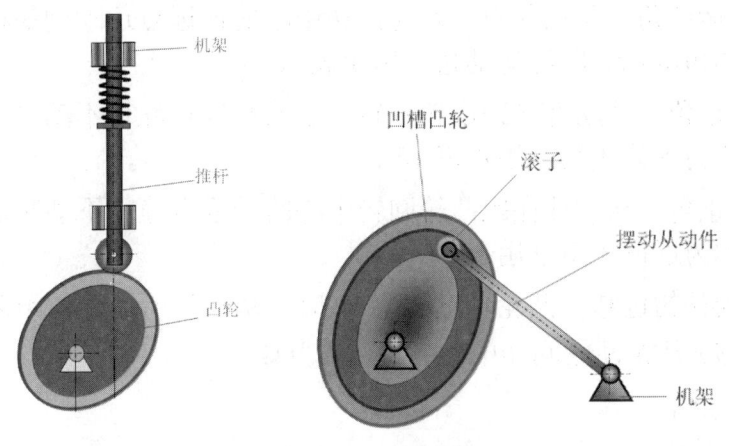

图 3-2 凸轮机构

凸轮机构的基本参数如图 3-3 所示。

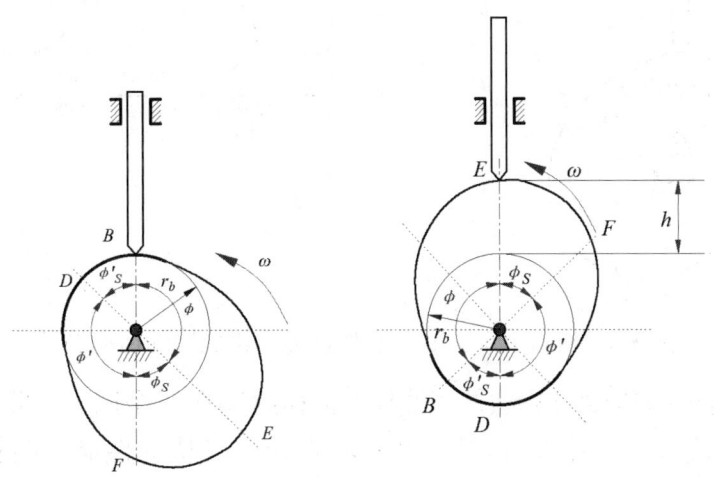

图 3-3 凸轮机构的基本参数

1. 基圆 以凸轮的回转中心为圆心,凸轮轮廓上一点到圆心的最小距离为半径所作的圆,称为凸轮的基圆,基圆半径用 r_b 表示,基圆是设计凸轮轮廓曲线的基准。

2. **推程**　从动件自距凸轮回转中心的最近点向最远点运动的过程，如曲线 BE 段。

3. **回程**　从动件自距凸轮回转中心的最远点向最近点运动的过程，如曲线 FD 段。

4. **行程**　从动件的最大运动距离，用 h 表示。

5. **凸轮转角**　凸轮绕回转中心转过的角度，称为凸轮转角，用 φ 表示。

6. **推程运动角**　从动件自距凸轮回转中心的最近点运动到最远点时，对应凸轮所转过的角度称为推程运动角，用 ϕ 表示。

7. **回程运动角**　从动件自距凸轮回转中心的最远点运动到最近点时，对应凸轮所转过的角度称为回程运动角，用 ϕ' 表示。

8. **远休止角**　从动件在距凸轮回转中心的最远点静止不动时，对应凸轮所转过的角度称为远休止角，用 ϕ_s 表示。

9. **近休止角**　从动件在距凸轮回转中心的最近点静止不动时，对应凸轮所转过的角度称为近休止角，用 ϕ'_s 表示。

10. **从动件的位移**　凸轮转过转角 φ 时，从动件所运动的距离称为从动件的位移。位移 s 从距凸轮回转中心的最近点开始。

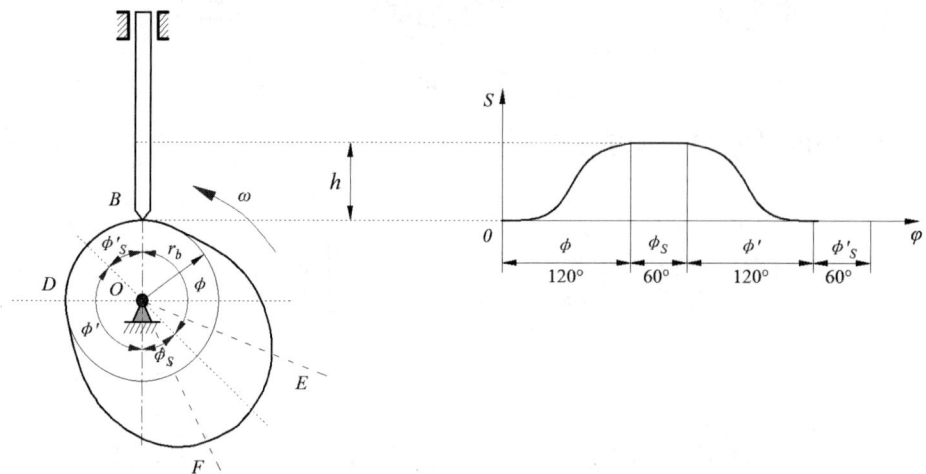

图 3-4　对心直动尖底从动件盘形凸轮机构的运动循环

将凸轮转过的角度与从动件（推杆）位移绘制在一个图上，即如图 3-4 所示的凸轮机构的运动循环图，这是一个对心直动尖底从动件盘形凸轮机构的运动循环图。

随着凸轮的转动，从动件逐渐升高，当升高到最高点时，推程运动角为 $\phi=\angle BOE$。从动件升高到最高点后，凸轮远休止廓线 EF 段为圆弧，远休止角为 $\phi_s=\angle EOF$。

从 F 点开始，随着凸轮的继续转动，从动件开始下降，当下降到最低点时，回程运动角为 $\phi'=\angle FOD$。从动件降到最低后，凸轮近休止廓线 DB 段为圆弧，近休止角为 $\phi'_s=\angle DOB$。

在一个运动循环中，推程运动角、远休止角、回程运动角和近休止角之间应满足以下关系：$\phi+\phi'+\phi_s+\phi'_s=360°$。

听了罗智超的讲解，莫星了解了凸轮机构的基本参数，以及凸轮机构的运动循环图。

不知不觉已经到了凸轮机构家族，发现正开放着，于是莫星和罗智超就走了进去。

3.3 直来直去与摇摇摆摆

"居然有个坑"，莫星和罗智超一进到凸轮机构家族，就看到不远处有一个天坑，相传凸轮机构家族为了抵御外敌而围着天坑修建了这座城堡。天坑的周围有栏杆，许多游客正围着观看。天坑周边布置了一些凸轮机构，可以供游客坐在推杆顶端，伸到天坑内部观看天坑。

莫星和罗智超开始仔细观察天坑边上的凸轮机构，罗智超以前看过这些凸轮机构，就热心地给莫星介绍起来。

"先看这个盘形凸轮"，罗智超指着图 3-4 所示的凸轮机构告诉莫星："凸轮呈盘状，具有变化的向径，且做定轴转动，凸轮转动，推动从动件往复运动。"

罗智超指着图 3-5 所示的移动凸轮说，凸轮做往复直线移动，推动从动件（摆杆）上下运动（往复摆动）。

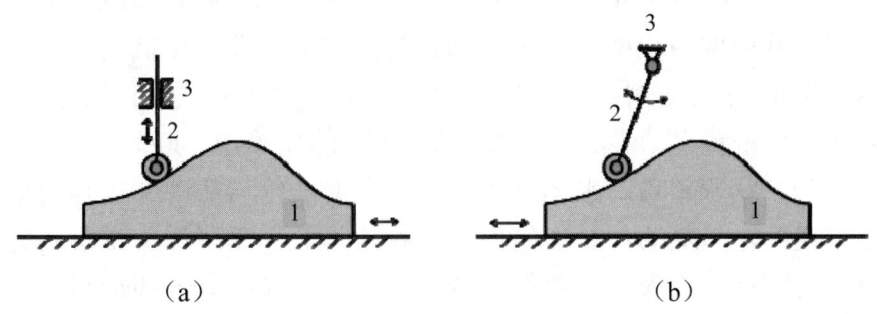

图 3-5 移动凸轮机构

圆柱凸轮精度比较高，罗智超指着如图 3-6 所示的圆柱凸轮机构向莫星解释。凸轮的圆柱面上开有曲线凹槽，或者端面上做出曲线状轮廓，凸轮转动，推动从动件往复摆动或上下运动。图 3-6（a）为摆动从动件圆柱凸轮机构，图 3-6（b）为端面具有曲线轮廓的直动从动件圆柱凸轮机构。由于圆柱凸轮与从动件的运动不在同一平面内,因此,它属于空间凸轮机构。

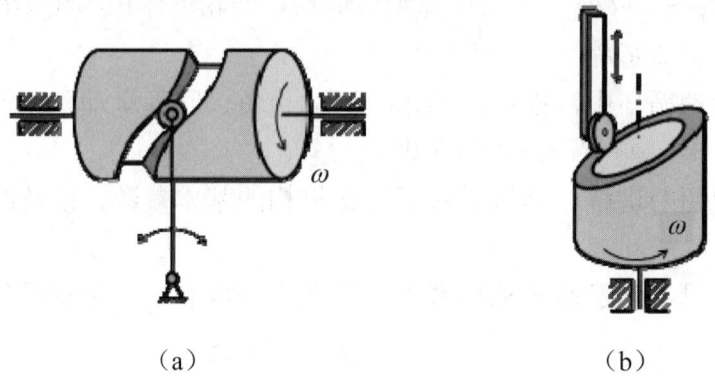

(a)   (b)

图 3-6 圆柱凸轮机构

"凸轮机构类别还是很多的",罗智超继续说,按从动件的运动方式可分为直动从动件和摆动从动件。按从动件形状可分为尖底从动件、滚子从动件、平底从动件或曲底从动件,如图 3-7 所示。

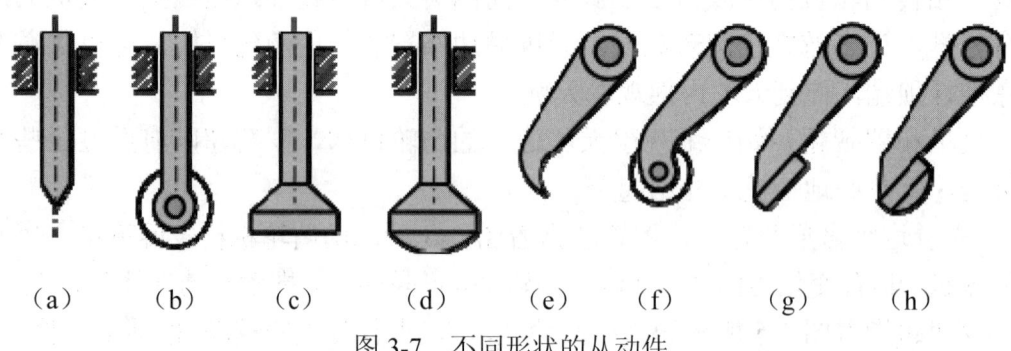

(a)   (b)   (c)   (d)   (e)   (f)   (g)   (h)

图 3-7 不同形状的从动件

对于直动从动件凸轮机构,当从动件的导路中心线通过凸轮的回转中心时,称为对心直动从动件凸轮机构,反之则称为偏置从动件凸轮机构,偏置的距离称为偏距,常用 e 表示。例如,图 3-8(a)为对心直动尖底从动件盘形凸轮机构,而图 3-8(b)为偏置直动尖底从动件盘形凸轮机构,偏距为 e。

讲完这些,罗智超喝口水休息了一下,指着凸轮与从动件接触的地方,问道:"你知道凸轮与从动件是如何保持接触的吗?"莫星摇头说不知道。罗智超说,通常有两种方式来实现部件接触,分别是力封闭方式和形封闭方式(也称几何封闭)。

1. 力封闭方式:利用从动件本身的重力、弹簧力或其他外力来保证凸轮与从动件始终保持接触。例如,图 3-9(a)所示凸轮机构是利用弹簧的恢复力来保持高副接触,而图 3-9(b)所示凸轮机构则是利用从动件的重力来保持高副接触的。

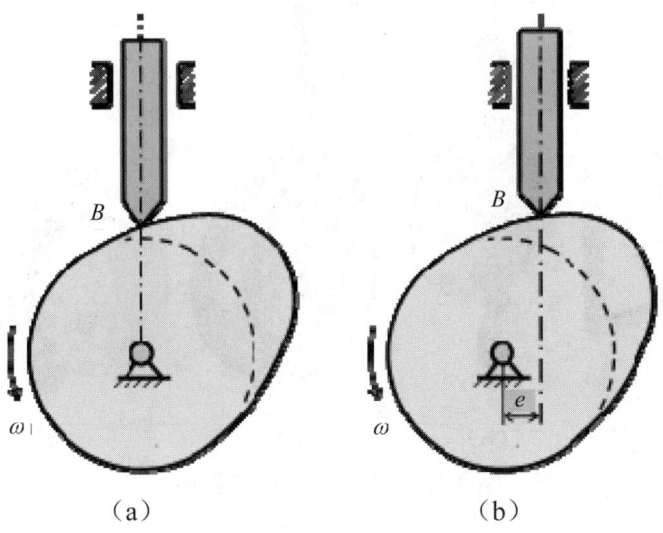

图 3-8　直动从动件盘形凸轮机构

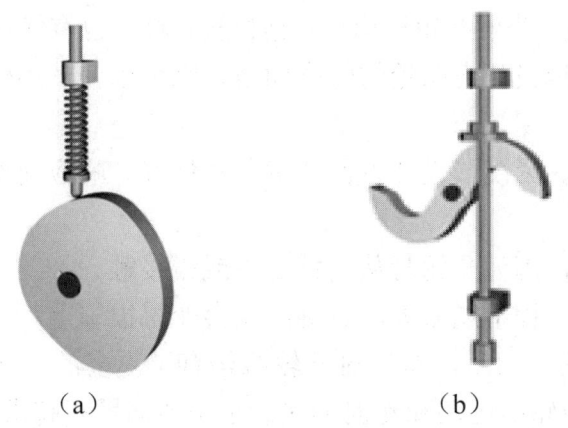

图 3-9　力封闭凸轮机构

2. 形封闭方式：依靠凸轮和从动件特殊的几何形状来维持凸轮机构的高副接触。图 3-10（a）所示的端面凸轮机构是利用凸轮端面上的沟槽和放于槽中的滚子使凸轮与从动件保持接触，这类凸轮又称为端面凸轮。图 3-10（b）所示的凸轮机构中，凸轮与从动件的两个高副接触点之间的距离处处相等，且等于从动件的槽宽，凸轮和从动件始终保持接触，称之为等宽凸轮机构。图 3-10（c）所示的凸轮机构中，两滚子中心距离与对应凸轮径向距离处处相等，保证从动件上的两个滚子同时与凸轮接触，这种凸轮机构称为等径凸轮机构。图 3-10（d）所示凸轮机构中，安装在同一轴上的两个凸轮与摆杆上的两个滚子同时保持接触，一个凸轮推动摆杆做正行程运动，而另一个凸轮推动摆杆做反行程运动。设计出其中一个凸轮的轮廓曲线后，另一个凸轮的轮廓曲线可根据共轭条件求出，人们一般称之为共轭凸轮。

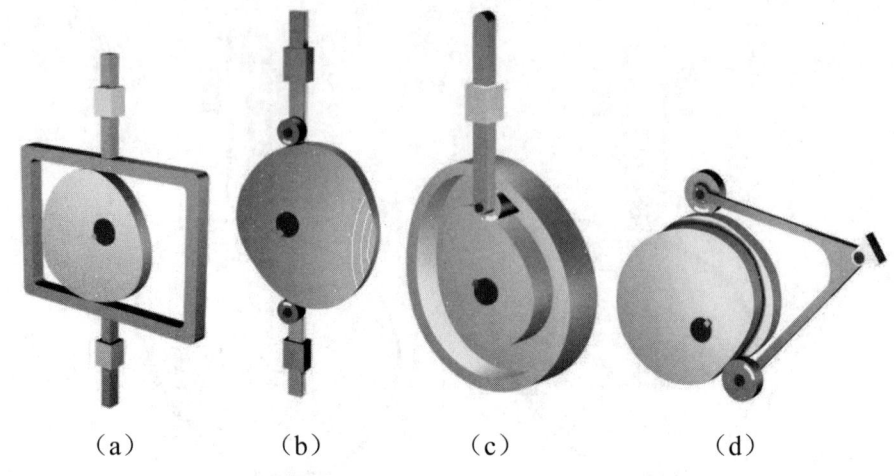

(a) (b) (c) (d)

图 3-10 几何封闭凸轮机构

介绍完这两类封闭形式，罗智超告诉莫星，形封闭式凸轮机构需要有较高的加工精度才能满足准确的形封闭条件，与力封闭式凸轮机构相比，形封闭式凸轮机构的成本较高。当然凸轮机构与其他机构一样，也有优缺点。它的优点是：

1．只要适当地设计出凸轮的轮廓曲线，就可以使从动件得到各种预期的运动规律。

2．结构简单、紧凑，设计方便，运动特性好，响应速度快。

它的缺点是：

1．容易磨损，因为凸轮与从动件是点或线接触。

2．从动件的行程不能太大，否则凸轮会变得很笨重。

听完罗智超的介绍后，莫星对凸轮机构有了更多的了解。他发现从动件的运动好像取决于凸轮的运动和几何形状。于是他向罗智超求证。

"没错，从动件的运动规律与凸轮的轮廓曲线形状和凸轮的运动有关，接下来仔细观察下这些凸轮机构的从动件运动规律吧。"罗智超回答道。

3.4 成也规律、败也规律

莫星和罗智超来到一个简单的凸轮机构旁，莫星仔细一看，才注意到旁边有个小屏幕，显示了该凸轮机构的运动规律，包含从动件的位移曲线、速度曲线和加速度曲线，称为从动件的运动规律线图。

如图 3-11 所示为凸轮机构的等速运动规律。

等速运动凸轮机构常用于从动件具有等速运动要求、从动件的质量不大或低速场合。

由图 3-11（c）可以看出，在行程的起点与终点，由于速度的突变，加速度在理论上趋于无穷大,从而在从动件上产生非常大的惯性力冲击,这种冲击称为刚性冲击。刚性冲击会对凸轮机构造成很大的危害,在机构动转时,一般希望消除刚性冲击。

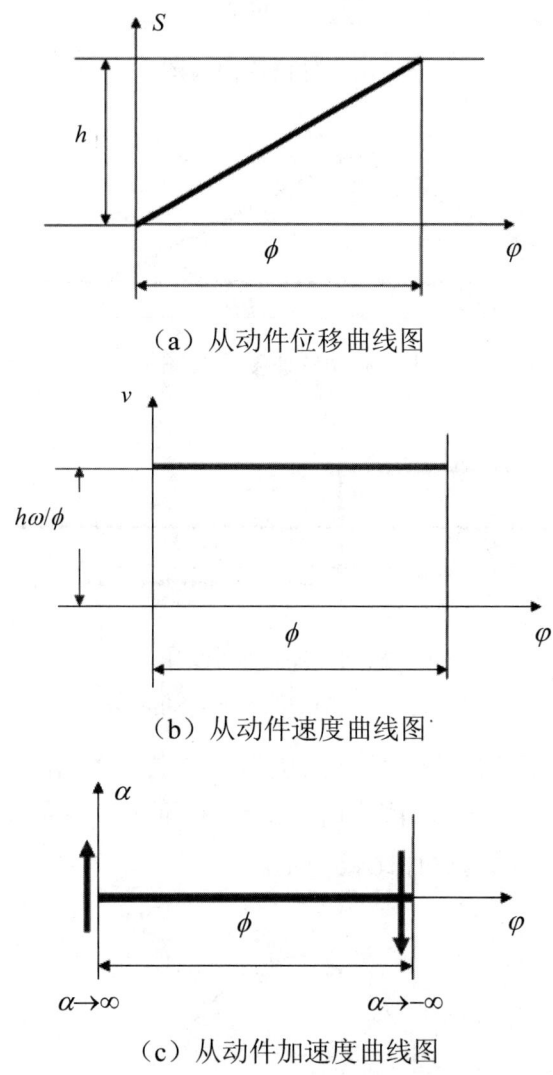

(a)从动件位移曲线图

(b)从动件速度曲线图

(c)从动件加速度曲线图

图 3-11　等速运动规律

看完等速运动规律的凸轮机构,罗智超带莫星来到一个稍复杂的凸轮机构旁,这个凸轮机构的从动件执行等加速或等减速运动。莫星也仔细看了它的位移、速度和加速度曲线,如图 3-12 所示。

从图 3-12（c）可以看出,在行程的起点、中点和终点,由于加速度的突变,从动件上产生的惯性力也会发生突变,这会对凸轮机构产生冲击。但是加速度的突变是一个有限值,它引起的惯性力突变也是一个有限值,因而对凸轮机构的冲击也是有限的,这种冲击称为柔性冲击。

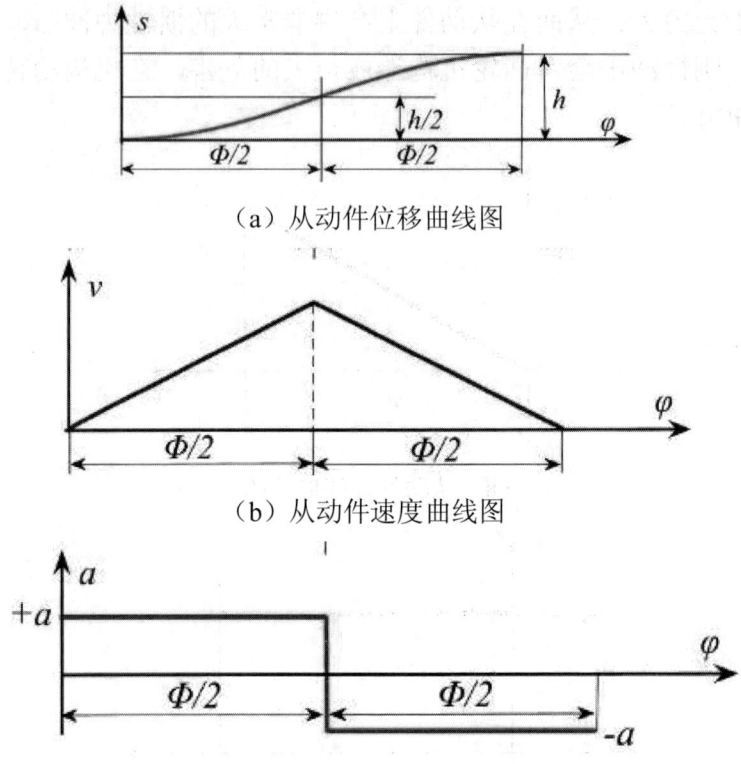

（a）从动件位移曲线图

（b）从动件速度曲线图

（c）从动件加速度曲线图

图 3-12　等加速度减速运动线图

这两种凸轮机构都有冲击，接下来去看一下没有冲击的凸轮机构。罗智超带莫星来到一个五次多项式运动规律的凸轮机构面前，它的运动线图（图 3-13）显示没有加速度突变，机构运行比较平稳。

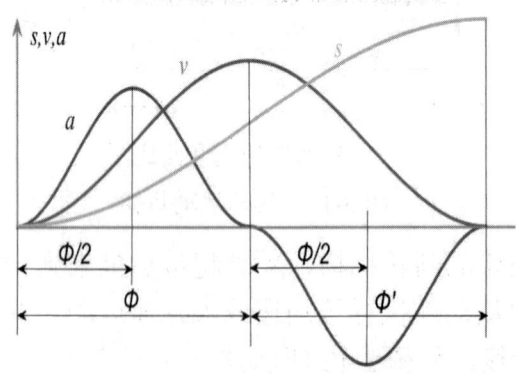

图 3-13　五次多项式运动规律

继续往前走，他们看到了简谐运动规律（也称余弦加速度运动规律）的凸轮机构，它的运动规律曲线如图 3-14 所示。莫星发现，当从动件以简谐运动规律运动时，加速度在行程的起点和终点处存在有限突变，就问罗智超："这个会产生柔性冲击吧？"罗智超肯定地说："是的，所以它一般应用在中低速场合。"

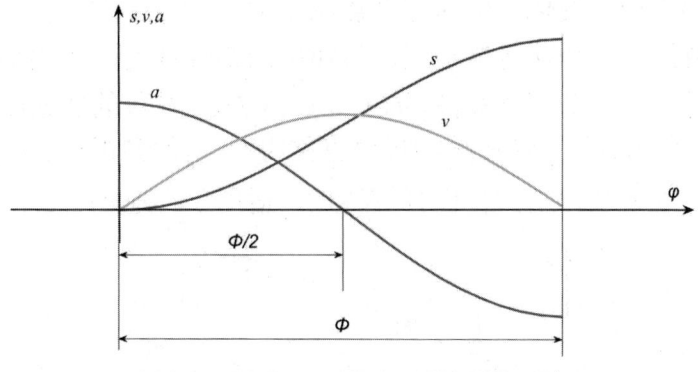

图 3-14　简谐运动规律

接着他们来到摆线运动规律（也称正弦加速度运动规律）的凸轮机构旁，它的运动规律曲线如图 3-15 所示。莫星也仔细观察了它的加速度曲线，发现当从动件以正弦加速度运动规律运动时，速度和加速度均无突变，说明这个凸轮机构在运动中不会产生冲击，看来可以用于中高速场合。罗智超点头称是。

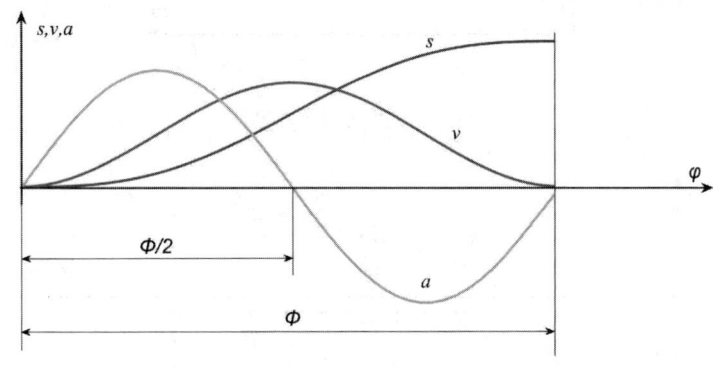

图 3-15　摆线运动规律

在从动件常用的运动规律中，莫星了解了刚性冲击和柔性冲击产生的原因，也明白要想凸轮机构没有冲击，则对凸轮轮廓曲线要求很高，会导致成本增加。"你说有没有办法既避免凸轮机构产生冲击，又不需要复杂的轮廓曲线呢？"他问罗智超。罗智超说："可以试试组合型运动规律。"

在实际应用中，可以将几种不同的基本运动规律组合起来，形成新的组合型运动规律，从而改善凸轮机构的运动和动力特性，以满足工程实际中的多样化要求。

例如，要求从动件做等速运动，但在行程的起点和终点处避免任何形式的冲击。这里以等速运动规律为主体，在行程的起点和终点处可用摆线运动规律或五次多项式运动规律来组合。图 3-16 所示为等速运动规律与五次多项式运动规律的组合。改进后，位移曲线等速运动（AB）段与原直线的斜率相比略有变化，其速度也存在一些变化，但对运动影响不大。

又例如，要消除等加速等减速运动规律中的柔性冲击，可用如图 3-17 所示的改进等加速等减速运动规律线图，OA、BC、CD、EF 段的加速度曲线均为 1/4 正弦波，加速周期为 $\varphi/2$。这种运动规律也称为改进梯形加速度运动规律，具有最大加速度小、连续性和动力特性好等特点，适用于高速场合。

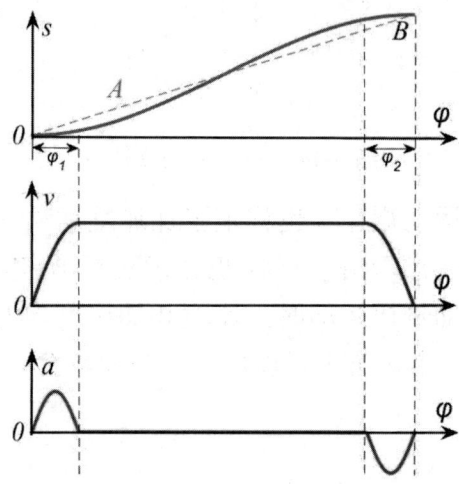

图 3-16　改进等速运动规律

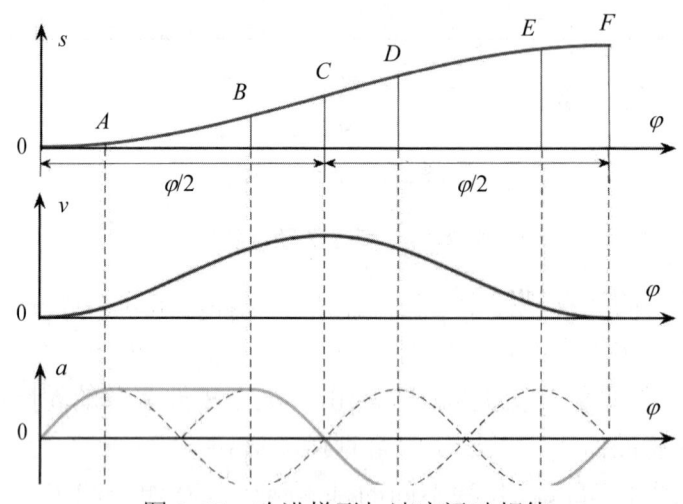

图 3-17　改进梯形加速度运动规律

"这样组合挺好的，发挥各自的优势"，莫星若有所思地点点头，"那怎么设计凸轮轮廓才能实现推杆的运动规律呢？"莫星感觉摸不到头绪。罗智超见状告诉他，可以用反转法设计凸轮轮廓。

3.5 逆向找答案

罗智超先给莫星科普了设计凸轮轮廓曲线的反转法原理。

以直动尖底从动件盘形凸轮机构为例，如图3-18（a）所示，当凸轮以角速度 ω 做逆时针方向转动时，从动件做往复直线移动。

如果给整个凸轮机构加上一个绕凸轮回转中心 O 的反转运动，同时使反转角速度等于凸轮的角速度。此时，凸轮与从动件之间的相对运动关系仍保持不变，但凸轮静止不动，成为机架。而从动件一方面随导路绕 O 点以角速度转动，同时又沿其导路方向按预期的运动规律做相对移动。

由于从动件的尖底在相对运动过程中始终与凸轮轮廓曲线保持接触，因此，从动件尖底在由反转和相对移动组成的复合运动中的轨迹便形成了凸轮的轮廓曲线，这就是凸轮轮廓曲线设计的反转法原理。

莫星一听，确实很容易。罗智超接着介绍了基于反转法的原理，用图解法设计凸轮轮廓曲线的步骤。

如图3-18（b）所示，用图解法设计直动从动件盘形凸轮轮廓时，凸轮以角速度 ω 做逆时针方向转动，给整个凸轮机构施加等角速度的反向转动，凸轮即保持静止。

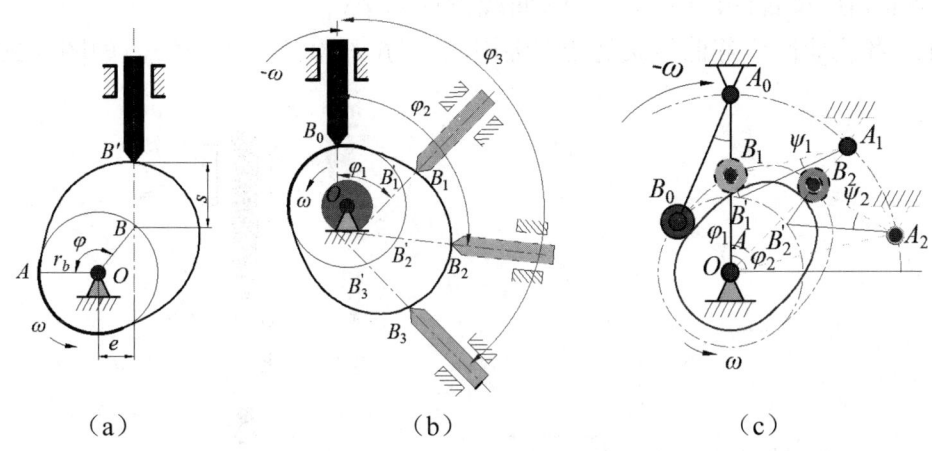

图3-18 图解法设计凸轮轮廓曲线示意图

从动件由起始位置 B_0 点转动 φ_1 角到达 B'_1 点，并沿其导路移动到 B_1 点，位移为 $s_1 = B'_1 B_1$。重复过程，从 B_0 点转动 φ_2 角到 B'_2 点，再沿其导路移动到 B_2 点，位移为 $s_2 = B'_2 B_2$。接着按照从动件的运动规律（s-φ）曲线，多次重复，则从动件的尖底将依次到达点 B_0，B_1，B_2……位置，将这些点光滑连接，即可得到所求的凸轮轮廓曲线。

同理，对于如图 3-14（c）所示的摆动滚子从动件盘形凸轮机构，施加反向角速度的反转运动后，从动件由初始位置 A_0B_0 反转 φ_1 角后到达 A_1B_1'，再绕 A_1 点摆动 ψ_1 角到达 A_1B_1。重复过程，从动件自初始位置 A_0B_0 反转 φ_2 角后到达 A_2B_2'，再绕 A_2 点摆动 ψ_2 点到 A_2B_2，……。将 B_0，B_1，B_2……点光滑连接，即可得到凸轮的轮廓曲线。

为了加深莫星的理解，罗智超让莫星自己设计一下。按图 3-19（a）中所示的位移曲线，设计图 3-19（b）所示的尖端直动从动件盘形凸轮的轮廓线。

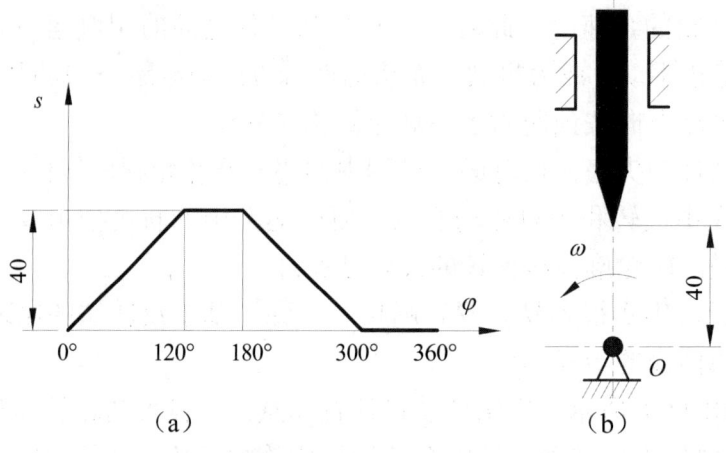

图 3-19 已知条件图

莫星利用反转法图解凸轮轮廓曲线设计如下：

1. 将从动件位移曲线按比例绘制出来，并画出角度等分线，如图 3-20（a）所示。

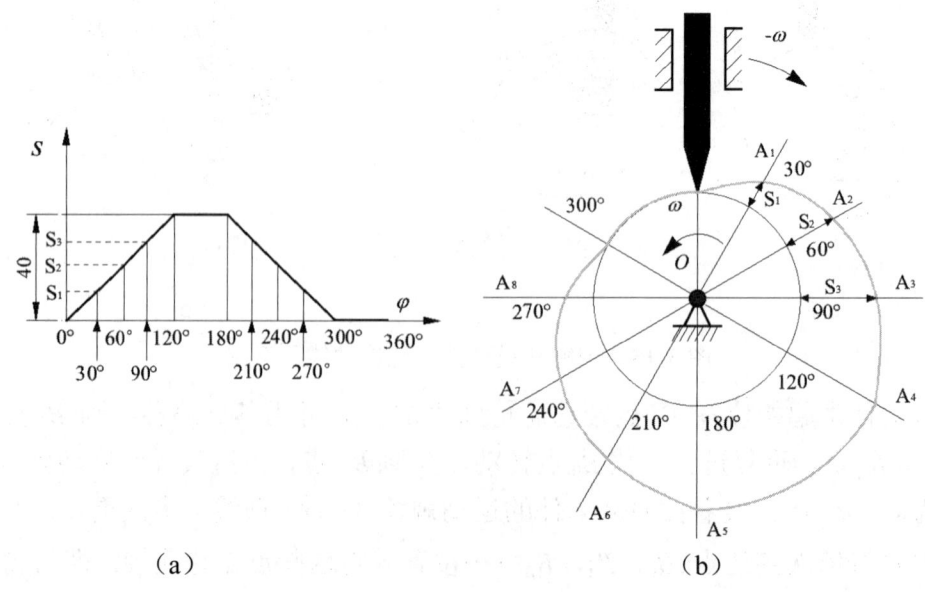

图 3-20 解题过程

2. 凸轮不动，原机架绕 O 点以顺时针方向转动。按图 3-20（a）中 $s-\varphi$ 关系在右图中分别找到点 A_1，A_2，A_3，$\cdots$，A_8（例如，在位移曲线图 30°等分线上找到推杆位移 s_1，在右图凸轮 30°转角对应径向线上，从与基圆交点量取 s_1，即为点 A_1），再光滑连接这些点，即得到凸轮实际廓线，如图 3-20（b）所示。

解完题目后，想着以后可以设计凸轮机构了，莫星感觉非常开心。罗智超也很高兴，但还是提醒他，设计凸轮机构有几个细节问题需要注意：

1．压力角的选择。凸轮机构的压力角是指不计摩擦时，凸轮与从动件在某瞬时接触点处的公法线方向与从动件运动方向之间所夹的锐角，常用 α 表示（图 3-21）。压力角是衡量凸轮机构受力情况的一个重要参数，为使凸轮机构正常工作并具有较高的传动效率，设计时必须对凸轮机构的最大压力角加以限制，使其小于许用压力角。

2．基圆半径的选择。使凸轮机构在满足压力角条件的同时，有紧凑的结构尺寸。

3．滚子半径的设计。为避免发生传动失真现象，通常情况下，应保证滚子半径小于 0.8 倍的凸轮轮廓最小曲率半径。

莫星听得津津有味，这时，远处的钟声敲响了，提示时候不早了。莫星告别罗智超，离开了神奇的凸轮家族，回到了他休息的客栈。

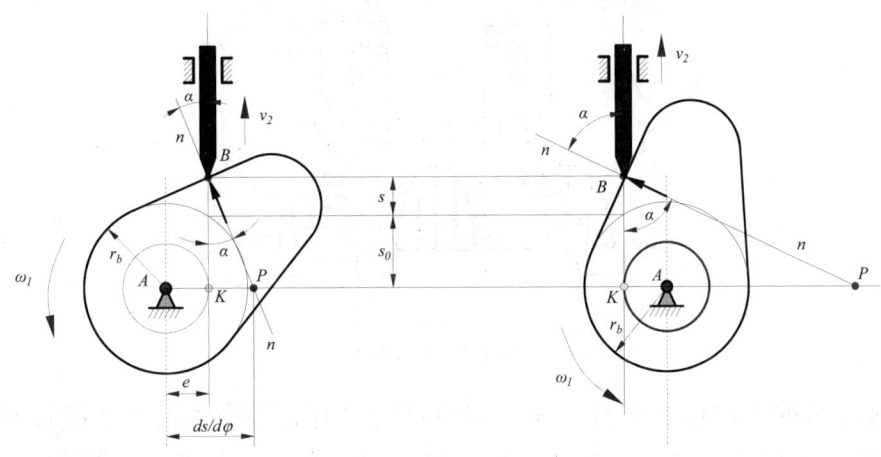

图 3-21　直动从动件凸轮机构

第四章　相拥而动的齿轮家族

4.1　巨大的院门

齿轮家族是机械王国中最神秘的一个家族，他们很少与外人交流，因此齿轮城的大门通常都是关闭的。齿轮城的大门巨大而厚重，听说只有力大无穷的勇士才能打开。

莫星对这个神秘的家族充满好奇，于是慕名来到齿轮城（图4-1）。来到齿轮城后，首先映入眼帘的是一个雄伟的城堡，城堡中有很多正在运转的发动机，它们推动着一个个齿轮组，使整座城堡有条不紊地运作着。城堡上也布满了齿轮，把运动精确地传递到各个角落。

图4-1　齿轮城

"这沉重的大门该怎么打开呢？难道真的只有力气很大的人才能打开？"为了寻找打开大门的方法，莫星小心翼翼地走到大门前，仔细地观察起来。这时，他发现大门旁边有个可以转动的手柄。难道这个手柄就是城门的启动装置？

莫星开始研究这个手柄，他首先往逆时针方向转动手柄，用全身的力气去转，结果手柄纹丝不动。接着莫星往顺时针方向转动，他感到很大的阻力，但是能转动手柄了。莫星不停地转动着手柄，大门以缓慢的速度上升，莫星感觉有戏，便更加卖力了，听到"咔嚓"一声后，手柄转不动了，大门也停止了上升，被固定在了某一个位置。莫星快速穿过大门，生怕大门会掉下来。

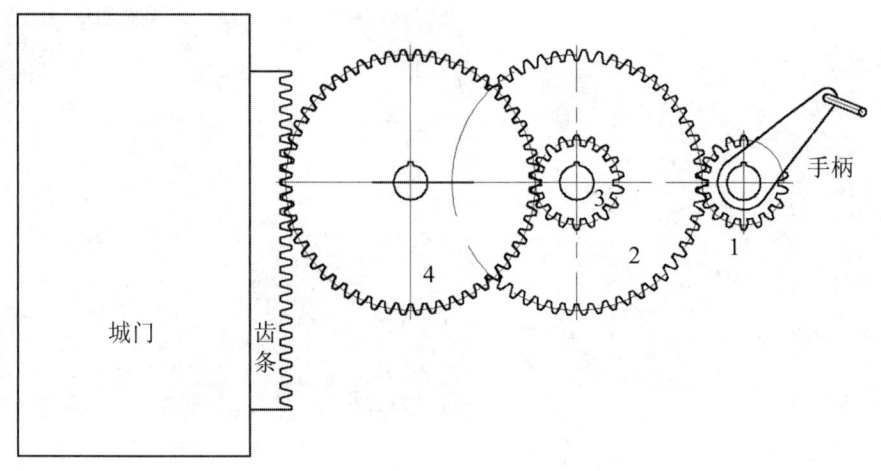

图 4-2 城门启动装置示意图

穿过大门后,莫星发现罗智超竟在前面不远处,与他交谈后得知罗智超正在齿轮城做客。接着莫星回头看向城门,发现城门的启动装置原来是由齿轮和齿条组成的,这里真不愧是齿轮城!但是他不明白为什么自己能打开这么重的城门,于是向罗智超询问。

"这主要是因为齿轮机构的减速增矩作用。"罗智超回答道。

"减速增矩?"莫星问道。

"就是将手柄的高转速、小扭矩转变为驱动轮的低转速、大扭矩,然后驱动轮推动和大门固定在一起的齿条运动,这样就可以用较小的力去吊起大门了。"

"我还是听不太懂,你可以更详细地给我介绍吗?"莫星问道。

"那我带你在附近逛逛吧,顺便给你详细讲解一下齿轮机构的知识。"接着罗智超就带着莫星在齿轮城参观起来。

"齿轮是一种边缘有齿、能连续啮合传递运动和动力的机械元件,在我们的生活中到处都有齿轮,比如玩具车里的圆柱直齿轮,发动机里的斜齿轮等。"

莫星看了看四周,发现了身边果然有不少不同的齿轮机构(图 4-3)。

"我们可以通过齿轮传动来传递力,加快或者减缓速度,以及改变转动的方向,生活中的各个方面都会运用到齿轮传动。"罗智超一边看一边给莫星解释。

"那什么是齿轮传动啊?"莫星问道。

"齿轮传动是由齿轮副传送运动和动力的装置。我给你展示一下,首先,我们安装上两个齿轮,并使它们的齿能够啮合在一起。"

"你试着旋转一个齿轮,另一个齿轮也开始转动。它把转动的力传给了另一个齿轮,这就是齿轮传动。"罗智超对莫星说道,莫星转动图 4-4 中的大齿轮,果真旁边的小齿轮就飞快地转起来。

 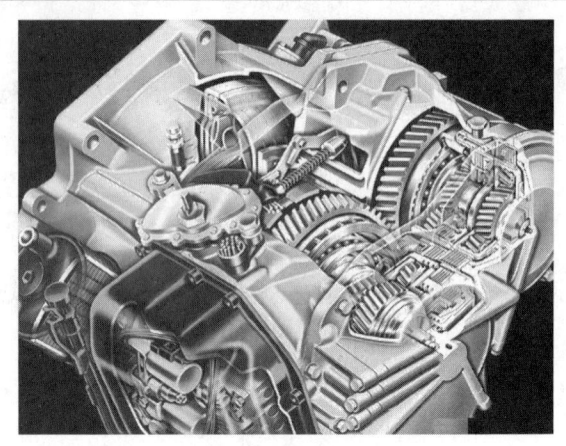

(a) 惯性玩具车（圆柱直齿轮）　　　　(b) 发动机（圆柱斜齿轮）

 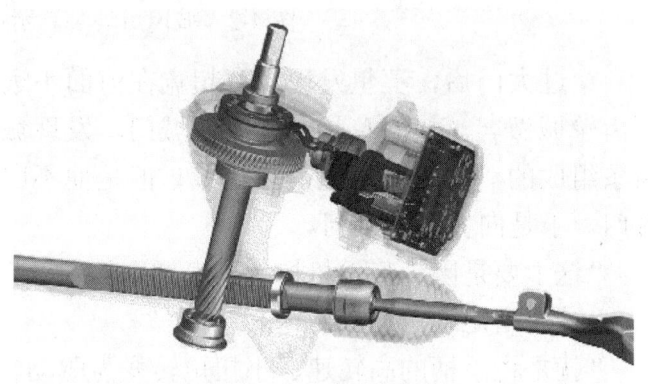

(c) 汽车后桥（圆锥曲线齿轮）　　(d) 汽车助力转向机构（圆柱斜齿轮与齿条）

图 4-3　常见的齿轮机构

图 4-4　齿轮啮合

"这个齿轮（主动轮）转动的同时会带动另一个齿轮（从动轮）转动，主动轮和从动轮的转动方向相反"，罗智超继续讲解道，"大的主动轮能使小的从动轮的转速变快。大齿轮转动一圈可以驱动小齿轮转动若干圈，这叫作加速系统。"

"加速系统增加了转动速度,但是会减小所传递的力。如图4-5(a)中的大齿轮带动小齿轮转动(齿轮1到齿轮4),速度增加,但输出的力矩减少。"

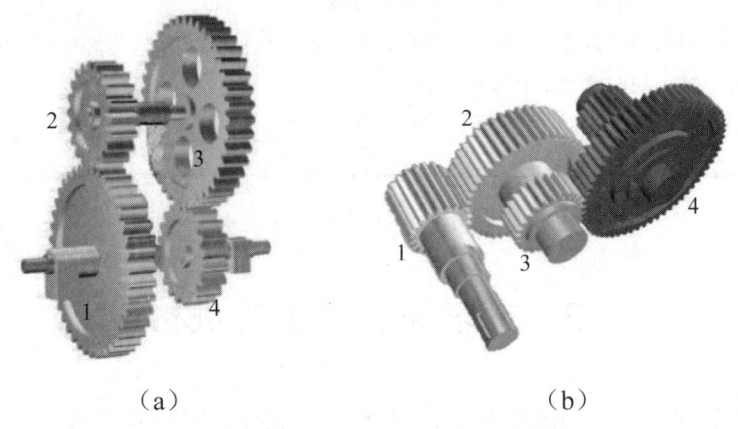

图4-5 增速与减速

"反过来,小的主动轮使大的从动轮的转速变慢。小齿轮转动若干圈,大齿轮才转动一圈,如图4-5(b)中的齿轮1到齿轮4,这叫作减速系统。"

"减速系统虽然降低了速度,但是它增加了所传递的扭矩。你打开的城门就使用了减速系统(图4-2),齿轮1和2、3和4两对啮合齿轮组成了二级减速系统,降低了速度,但是它大大地增加了所传递的扭矩,所以你才可以打开城门。"

"接下来我把一个小齿轮放在两个相同的大齿轮中间,转动其中一个大齿轮,可以发现两个大齿轮以相同的方向转动,中间小齿轮与大齿轮的转动方向相反,此时中间的小齿轮叫作惰轮(图4-6)。惰轮的作用就是使与它相连的两个齿轮以相同的方向转动。"

图4-6 惰轮

莫星用心地听着罗智超的讲解,并认真地做了笔记(图4-7)。

> 齿轮知识
> 1. 两个互相啮合的齿轮以相反的方向转动。
> 2. 用大齿轮驱动小齿轮，小齿轮的转速比大齿轮快(加速)。用小齿轮驱动大齿轮，大齿轮的转速比小齿轮慢(减速)。
> 3. 惰轮的作用是使与它啮合的两个齿轮的转动方向相同。

图 4-7　莫星的笔记

4.2　琳琅满目的齿轮机构

莫星和罗智超走在齿轮大道上，观看着齿轮城独特的建筑。一路走来，发现路上竟然没几个行人。

于是莫星问道："罗智超，我们逛了这么久也没见到几个齿轮家族的人，我听说齿轮家族是机械王国中最神秘的家族，他们很少与外人交流，这是不是真的？"

"这当然是假的啊！他们只是有点宅而已，比较喜欢待在自己的小圈子里。至于为什么路上的人这么少，是因为他们在前面的广场搞活动，你仔细听一下，前面是不是挺热闹的？"罗智超回答道。

莫星停下脚步，仔细听，发现前面传来了一阵喧闹的声音。"前面好像真的有活动，走快点，我们去看看吧！"

莫星和罗智超来到中心广场，看到门口挂着醒目的横幅，上面写着"齿轮日公益宣传活动"。

原来今天是机械王国的"齿轮日"，齿轮家族的成员会到中心广场摆摊，科普齿轮知识。

看到莫星站在广场入口前，志愿者走到莫星面前，说道："你好，欢迎来到齿轮城，今天我们正在进行齿轮机构的宣传活动。"志愿者说完就递给了莫星一张宣传单，传单上有一些常用的齿轮机构。

按照一对齿轮传递的相对运动是平面运动还是空间运动，可分为：

1. 做平面相对运动的齿轮机构称为**平面齿轮机构**。常用的平面齿轮机构如图 4-8（a）所示。

2. 做空间相对运动的齿轮机构称为**空间齿轮机构**，常用的空间齿轮机构如图 4-8（b）所示。

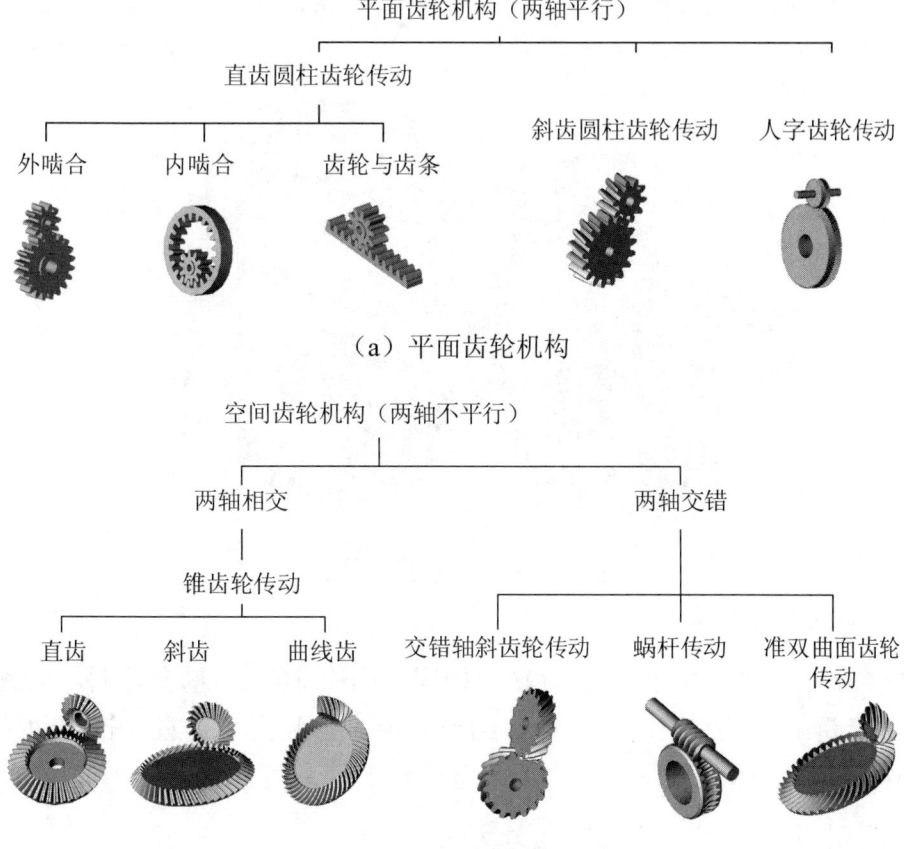

(a) 平面齿轮机构

(b) 空间齿轮机构

图 4-8　齿轮机构

"原来齿轮传动有这么多种啊！"浏览完传单后，莫星忍不住感叹。穿过大门，各种各样的齿轮映入眼帘，种类甚至比传单上介绍的还要多。莫星对眼前一个个形状各异的齿轮感到十分新奇，急切地想知道这些齿轮的用途。

1．平面齿轮机构

"前面是齿轮传动的展示区，我们过去看看吧。"罗智超说完就牵着莫星的手走到一些齿轮面前，说："现在我们面前的是一些平面齿轮机构。"

两个齿轮啮合时齿轮的主轴相互平行，称之为平行轴齿轮传动，按照轮齿的方向来分类，可分为直齿轮传动、斜齿轮传动、人字齿轮传动。

直齿轮的轮齿与轴线平行，工作时没有轴向力。直齿轮传动可分为外啮合直齿轮传动、内啮合直齿轮传动和齿轮齿条传动。

（1）平行轴直齿轮传动

a）外啮合直齿轮传动

外啮合直齿轮传动时两个齿轮转向相反（图 4-9），齿轮重合度比较小，所以传动平稳性差，承载能力较低。外啮合直齿轮传动主要应用在速度较低的传动中，尤其适用于变速箱的换挡齿轮。

图4-9　外啮合直齿轮传动

b）内啮合直齿轮传动

内啮合直齿轮传动时两个齿轮转向相同（图4-10），重合度大，承载能力强，效率较高，而且两轴间距离小，结构紧凑。因此内啮合直齿轮传动广泛应用于各种机械传动系统中的减速器、增速器和变速装置。

图4-10　内啮合直齿轮传动

c）齿轮齿条传动

齿条相当于一个半径为无限大的齿轮（图4-11），用于连续转动到往复移动的运动变换。齿轮齿条传动适用于快速、精准的定位机构，比如高精度的机床。

"接下来介绍平行轴的斜齿轮传动和人字齿轮传动吧！"罗智超说。

图 4-11 齿轮齿条传动

(2) 平行轴斜齿轮传动

a) 外啮合斜齿轮传动

与直齿轮不同,斜齿轮的轮齿和轴线有一定夹角,工作时存在轴向力。轴向力是由螺旋角引起的,螺旋角越大所产生的轴向力越大,为了不使斜齿轮产生过大的轴向力,设计时一般取螺旋角为8°~15°。斜齿轮的重合度较大,传动较平稳,承载能力较高。斜齿轮传动适用于速度较高、载荷较大或要求结构较紧凑的场合(图4-12)。

图 4-12 斜齿轮传动

b) 外啮合人字齿轮传动

与直齿轮相比,斜齿轮的承载能高,啮合性好,震动小,噪声低。但是斜齿轮会产生轴向力,轴向力对于齿轮传动是有害的,它使得装置之间的摩擦力增大,使装置易于磨损或损坏。把一个齿轮做成对称方向的斜齿轮,轴向力能够抵消,这种齿轮看上去像个人字,称为人字齿轮(图 4-13)。人字齿轮具有重合度高、轴向载荷小、承载能力高、工作平稳等优点,但是人字齿轮的制造比较麻烦,主要于重载传动,比如汽轮机等。

2．空间齿轮机构

"平面齿轮机构看完了，接下来我们去那边看空间齿轮机构吧。"说完，罗智超带着莫星走向了空间齿轮的展示区。

空间齿轮传动用于传递空间两相交或交错轴间的运动和力，可分为相交轴齿轮传动和交错轴齿轮传动。

（1）相交轴齿轮传动

锥齿轮传动用于传递两相交轴的运动，锥齿轮传动的两轴线相交，轴交角为90°。按照轮齿在圆锥体上的排列方向，有直齿、斜齿和曲线齿三种。

a）直齿锥齿轮传动

直齿锥齿轮的节锥齿线为径向直线形，各

图4-13　外啮合人字齿轮传动

齿线都通过节锥锥尖，其轮齿走向是沿圆锥母线方向，并逐渐地由齿轮截锥体的大端向小端按比例收缩，最后交于两相啮合齿轮轴线的空间交点处（图4-14）。

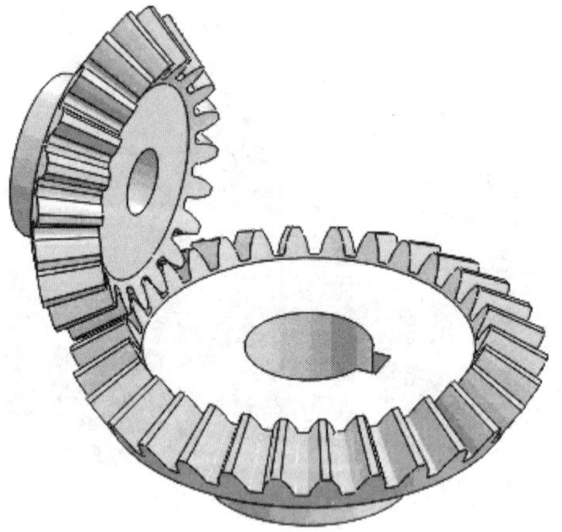

图4-14　直齿锥齿轮传动

直齿锥齿轮制造安装简便，但传动平稳性较差、承载能力较低、轴向力较大，因此适用于速度较低、载荷小而稳定的运转。

b）斜齿锥齿轮传动

在斜齿锥齿轮的节锥表面展开图中，其节锥齿线都和一个与节锥轴线同心的圆相切（图4-15）。它相对于直齿锥齿轮的优点是：啮合性能好、冲击载荷小、传动平稳、噪声小。缺点是：工作时会产生轴向力，螺旋角越大轴向力越较大。适用于载荷大、转速较低的场合。

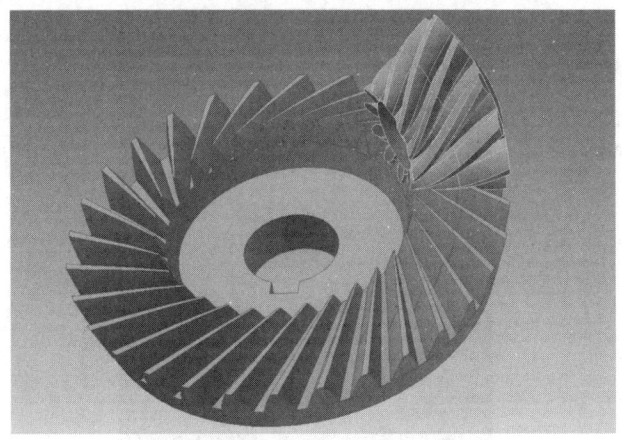

图 4-15　斜齿锥齿轮传动

c）曲齿锥齿轮传动

与斜齿锥齿轮相比，曲齿锥齿轮的重合度大、工作平稳、承载能力高，但轴向力较大且与齿轮转向有关（图 4-16）。曲齿锥齿轮常用在高速或重载荷传动中，例如汽车后桥差速器齿轮。

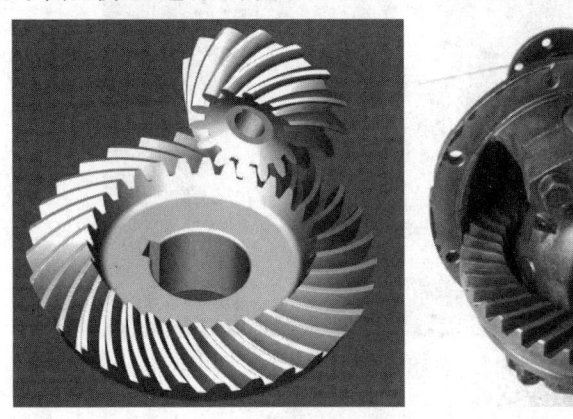

图 4-16　曲齿锥齿轮传动

（2）交错轴齿轮传动

交错轴齿轮传动，主要包括交错轴斜齿轮传动和蜗杆传动。

a）交错轴斜齿轮传动

交错轴斜齿轮传动时两轴线交错（图 4-17），两齿轮之间为点接触，易磨损，而且传动效率较低。适用于载荷小，速度较低的传动。

b）蜗杆传动

蜗杆传动的两轴线交错（图 4-18），一般成 90°，传动比较大，一般为 10～80。优点是结构紧凑、传动平稳，噪声和振动小，缺点是传动效率较低，易发热。主要用于中小功率、间断工作的场合。广泛用于机床、冶金、采矿及起重设备中。

图 4-17 交错轴斜齿轮传动

图 4-18 蜗杆传动

莫星和罗智超走着走着就到了展示区的尽头,前面是一个个的活动摊位。听完罗智超的讲解后,莫星明白了各种的齿轮都有自己的优缺点,也有各自的用途。为了更多地了解齿轮机构的知识,莫星离开了展示区,走到一个摊位前。

莫星在摊位上看到很多大小不一的直齿圆柱齿轮,他随意地找了两个齿轮装配传动,发现齿轮不能很好地啮合,于是向摊位负责人小驰询问。

"齿轮需要满足一定的条件才能正确啮合。"小驰回答道,开始给莫星讲解齿轮传动的秘密。

4.3 齿轮传动的秘密

"我给你详细地介绍一下齿轮吧,看这边的黑板,我先给你普及一些直齿轮的基本知识。"小驰说。

这时，莫星才发现小驰后面的黑板上介绍着齿轮的基本尺寸和参数符号。

1．齿轮基本尺寸的名称和符号

直齿轮端面的各部分的名称及符号如图 4-19 所示。

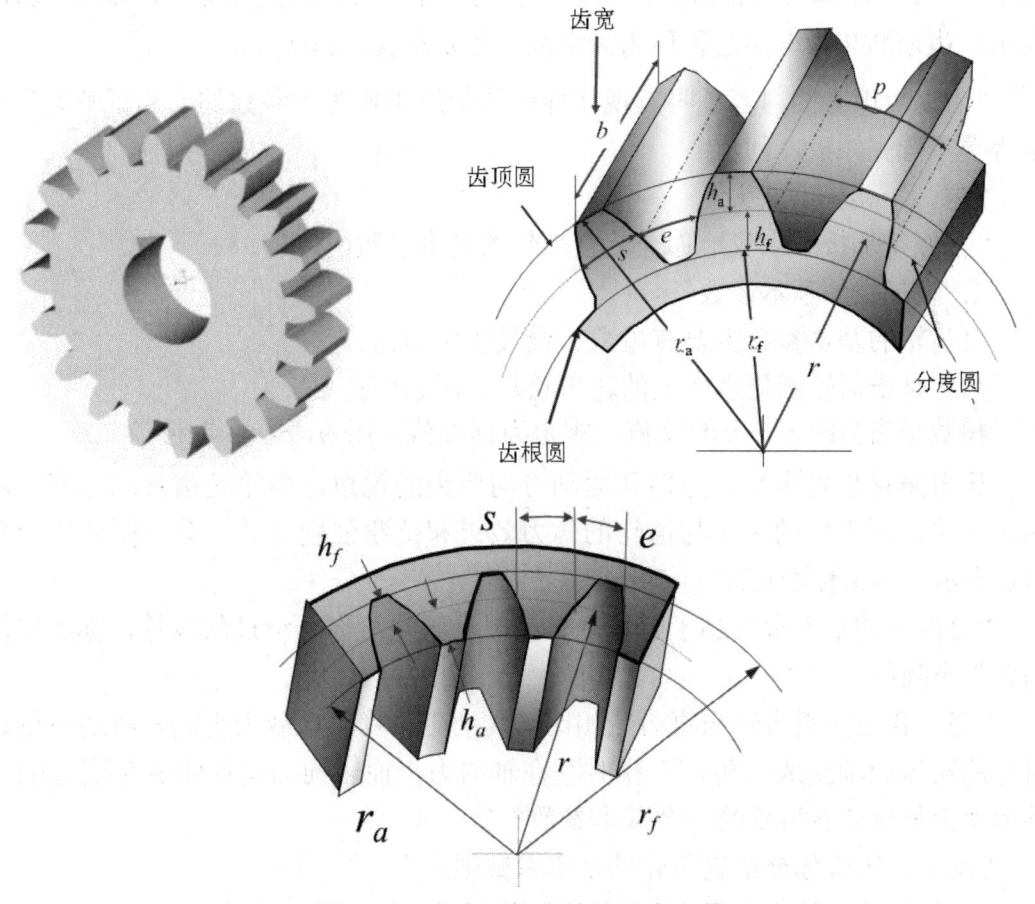

图 4-19　直齿圆柱齿轮的基本参数

齿顶圆　过齿轮各齿顶所作的圆，直径和半径分别用 d_a 和 r_a 表示。

齿根圆　齿槽底面所在的圆，直径和半径分别用 d_f 和 r_f 表示。

分度圆　齿顶圆和齿根圆之间的圆，是计算齿轮几何尺寸的基准圆，直径和半径分别用 d 和 r 表示。

基圆　发生渐开线的圆。直径和半径分别用 d_b 和 r_b 表示。

齿槽宽　直径为 d_i 的圆周上两相邻反向齿廓之间的弧长称为齿槽宽，用 e_i 表示。

齿距　直径为 d_i 的圆周上相邻两齿同侧齿廓之间的弧长称为该圆上的齿距，用 p_i 表示。显然 $p_i = s_i + e_i$。分度圆上的齿距用 p 表示，而齿厚及齿槽宽分

别用 s 和 e 表示，因此 $p=s+e$。基圆上的齿距称为基节，用 p_b 表示。

齿厚 直径为 d_i 的圆上一个轮齿两侧齿廓之间的弧长称为该圆上的齿厚，用 s_i 表示。

齿顶 轮齿介于分度圆与齿顶圆之间的部分，其径向高度称为齿顶高，以 h_a 表示；介于分度圆与齿根圆之间的部分称为齿根，其径向高度称为齿根高，以 h_f 表示；齿顶高与齿根高之和称为齿全高，以 h 表示，$h=h_a+h_f$。

"看完黑板上的内容了吗？现在你应该知道齿轮各个参数的名称了吧？"小驰等莫星看完黑板，问道。

"嗯。"莫星点点头。

"很好，那接下来我给你介绍直齿轮的基本参数吧。"

2．直齿轮的基本参数

直齿轮的基本参数主要有齿数、模数和压力角。

齿数是指齿轮圆周表面上的轮齿总数，用 z 表示。

模数是指齿距 p 与 π 的比值，规定为标准值，用 m 表示，单位为 mm。

压力角是指轮齿受力方向和运动方向所夹的锐角，齿轮轮齿各圆上有不同的压力角。压力角的大小与齿轮的传力效果和抗弯强度有关，分度圆的压力角用 α 表示，国家标准规定 $\alpha=20°$。

"直齿轮的基本参数都了解了吧？在展示区我给你介绍过斜齿轮，你还记得吗？"小驰问。

"嗯。我记得斜齿轮与直齿轮相比，传动更平稳，承载力更高。我还记得斜齿轮的轮齿和轴线成夹角，工作时存在轴向力，而轴向力是由螺旋角引起的。难道螺旋角也是斜齿轮的一个基本参数？"

"没错，我给你介绍斜齿轮的基本参数吧。"

3．斜齿轮的基本参数

斜齿轮的螺旋角 β

斜齿轮分度圆柱上的螺旋线的切线与其轴线所夹的锐角叫螺旋角，用 β 表示（图4-20）。由于斜齿轮的轮齿倾斜了 β 角，斜齿轮传动时产生轴向力，β 越大，轴向力越大。

法面模数 m_n 和端面模数 m_t

从斜齿轮的端面来看，斜齿轮形状与直齿轮相同，即：$m_n=m_t\cos\beta$

齿顶高系数和顶隙系数

不论从法面和端面看，斜齿轮的齿顶高和齿根高都是相同的。即

$$h_{at}^*=h_{an}^*\cos\beta \qquad c_t^*=c_n^*\cos\beta$$

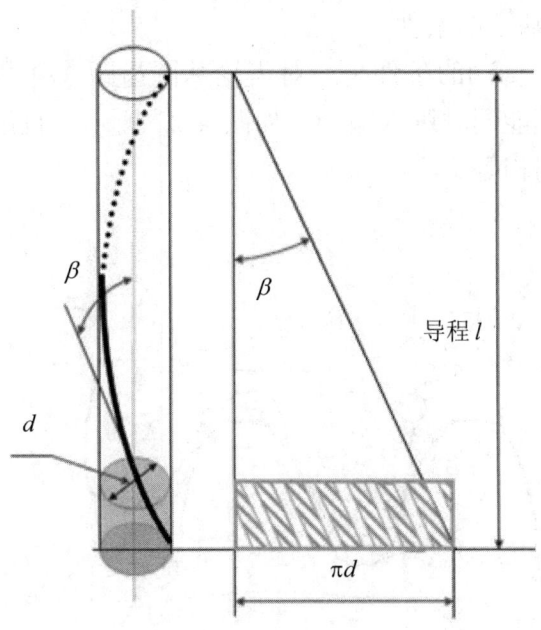

图 4-20 斜齿轮的螺旋角

h_{at}^* 为端面齿顶高系数，h_{an}^* 为法面齿顶高系数，c_t^* 为端面顶隙系数，c_n^* 为法面顶隙系数。

压力角

如图 4-21 所示斜齿条的法面（$\Delta a'b'c$）与端面（Δabc）的夹角为 β 角，由于斜齿轮法面与端面的齿高相等，有

$$\tan\alpha_n = \tan\alpha_t \cos\beta$$

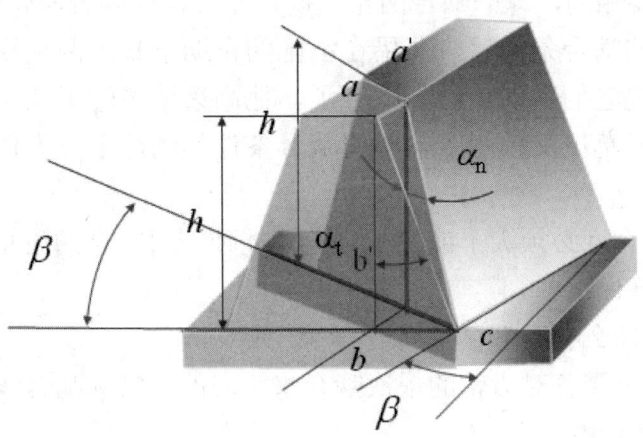

图 4-21 斜齿轮的端面压力角与法面压力角

"直齿轮和斜齿轮的基本参数都了解了吧？现在我可以告诉你齿轮正确啮合的条件了。"小驰对莫星说。

4. 直齿轮正确啮合的条件

直齿轮正确啮合传动的条件是一对齿轮基圆齿距（基节）相等，使处于啮合线上的各对轮齿都能同时进入啮合，如图 4-22 所示。直齿轮正确的啮合条件是模数、压力角分别相等。

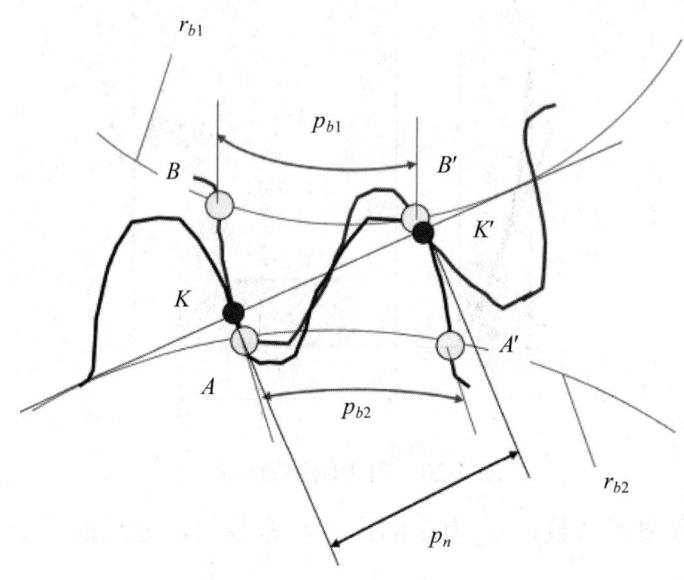

图 4-22 渐开线齿轮正确啮合条件

"接下来你猜猜斜齿轮正确的啮合条件是什么？"小驰问道。

"斜齿轮的啮合条件？模数和压力角应该都要相等吧？"

"你说得不完全对，应该是两轮的法面模数和法面压力角分别相等，而且两轮啮合处的齿向要相同，即外啮合两轮螺旋角相反，内啮合两轮螺旋角相同。"

了解完齿轮的啮合条件后，莫星在小驰的帮助下找了两个模数和压力角都相等的齿轮，发现它们真的能好好啮合了，他高兴地多转了几圈，突然发现两齿轮卡住了。这时莫星又郁闷了，明明啮合条件都满足了，为什么两齿轮还是不能好好传动呢？

"那是因为重合度必须大于或等于 1，才能使一对啮合的齿轮实现连续平稳传动。"小驰回答说。

"重合度？是什么啊？"莫星问道。

"齿轮传动是依靠各对齿轮的依次啮合来实现的，实际啮合线的长度与基圆齿距的比值称为重合度。"

"要保持两齿轮在传动中连续转动，就必须保证在前一对齿廓啮合结束前，后一对齿廓已经进入啮合，否则就会出现传动中断。"小驰回答说。

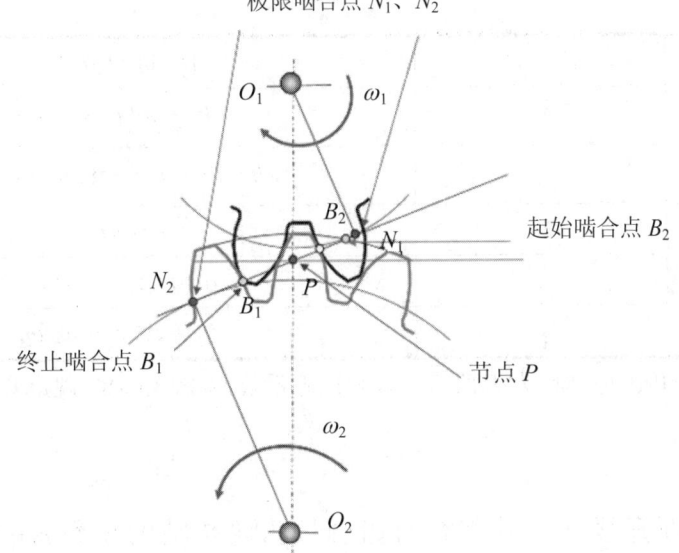

图 4-23　重合度

如图 4-23 所示，当前一对齿在 B_1 点脱开啮合时，后一对齿正好进入啮合，如果再加大基圆齿距使啮合点再分开，将会出现前一对齿在 B_1 点脱开时，后一对齿还未能到达啮合点的情况，从而使传动中断或不平稳。

为确保传动的连续和平稳，基圆齿距须小于（或等于）实际啮合线长度，重合度须大于（或等于）1，才能使一对啮合的齿轮实现连续平稳传动。通常情况下，两齿轮的中心距等于两轮分度圆半径之和时，是可以连续传动的。

虽然很冗长，但莫星还是理解了重合度的概念，也知道光满足啮合条件还不一定能连续传动。

5. 齿轮的几何计算

"接下来我们来进入最后一项，齿轮几何参数的计算，其实齿轮几何参数的计算很简单，按照公式，代入数据就可以算出来了。表 4-1 是直齿轮传动几何尺寸的计算公式，你好好记一下，记完我给你出道题练练手。"小驰笑着说。

表 4-1　直齿轮传动几何尺寸的计算公式

名　称	符　号	计　算　公　式
分度圆直径	d	$d_i = mz_i$
基圆直径	d_b	$d_{bi} = mz_i \cos\alpha$
齿顶圆直径	d_a	$d_{ai} = m(z_i + 2h_a^*)$
齿根圆直径	d_f	$d_{fi} = mz_i - 2m(h_a^* + c^*)$
齿顶高	h_a	$h_{ai} = h_a^* m$

（续表）

名 称	符 号	计 算 公 式
齿根高	h_f	$h_{fi} = m(h_a^* + c^*)$
齿高	h	$h = h_a + h_f = m(2h_a^* + c^*)$
齿距	p	$p = \pi m$
标准中心距	a	$a = m(z_1 + z_2)/2$
传动比	i	$i_{12} = z_2/z_1 = \omega_1/\omega_2$

注：表中，h_a^* 和 c^* 分别称为齿顶高系数和顶隙系数，GB1356-88 规定其标准值为 $h_a^* = 1$，$c^* = 0.25$

已知一对渐开线标准外啮合直齿圆柱齿轮传动的模数 $m = 5\text{mm}$，压力角 $\alpha = 20°$，中心距 $a = 350\text{mm}$，传动比 $i_{12} = 9/5$，试求两轮的齿数、分度圆直径、齿顶圆直径、基圆直径。

莫星根据题意，列出方程组如下：

$$\begin{cases} a = \dfrac{1}{2}m(z_1 + z_2) \\ i_{12} = \dfrac{z_1}{z_2} \end{cases} \quad \text{（a）}$$

解方程组（a），并代入已知数据可得

$z_1 = 90, \quad z_2 = 50$

则

$d_1 = mz_1 = 5 \times 90\text{mm} = 450\text{mm}$

$d_2 = mz_2 = 5 \times 50\text{mm} = 250\text{mm}$

$d_{a1} = d_1 + 2h_a^* m = 450\text{mm} + 2 \times 1 \times 5\text{mm} = 460\text{mm}$

$d_{a2} = d_2 + 2h_a^* m = 250\text{mm} + 2 \times 1 \times 5\text{mm} = 260\text{mm}$

$d_{b1} = d_1 \cos\alpha = 450 \times \cos 20°\text{mm} = 422.86\text{mm}$

$d_{b2} = d_2 \cos\alpha = 250 \times \cos 20°\text{mm} = 234.92\text{mm}$

莫星根据公式，计算出外啮合直齿圆柱齿轮的各几何参数，完成了题目，获得小驰的称赞，莫星也非常感谢小驰的耐心讲解。

正说着，莫星和罗智超看到旁边有个齿轮系的摊位，就和小驰告别，去齿轮系摊位探访。

4.4 神奇的齿轮系

摊主多赤正好送走一批游客，就接待了莫星和罗智超，给他们讲解起齿轮系的功用。

1. 实现分路传动。如图4-24所示的滚齿机构中，电机的主运动通过轮系分别传递给滚刀和毛坯，完成滚齿加工。

2. 获得较大的传动比。轮系能够用较小的结构实现大的传动比，如图4-25所示的轮系传动比可达到10 000。

3. 实现变速运动。如图4-26所示的变速箱中，abc三联齿在轴上滑动可得到三种联接方式，另外de双联齿在轴上滑动又可使上述三种联接的每种联接有两种运行情况，因而该轮系可以使带轮获得六种转速。

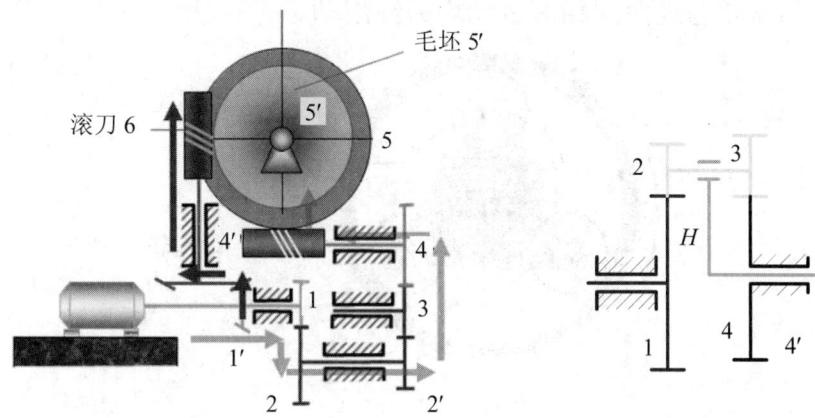

图4-24 滚齿机中轮系　　　　图4-25 大传动比机构

4. 实现换向传动。如图4-27所示的换向机构，从动手柄处于不同位置，从动轮的转向不同。

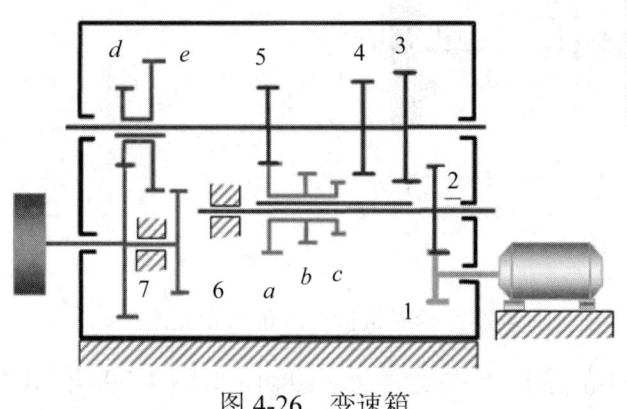

图4-26 变速箱

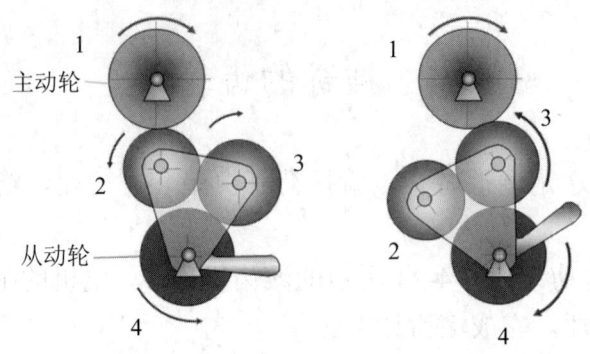

图 4-27　换向机构

5. 实现运动的合成与分解。如图 4-28（a）中的捻绳机构，给出两个太阳轮的转动，合成三个行星轮的自转和公转运动，完成捻绳动作。图 4-28（b）所示的汽车后桥的差速机构，在汽车转弯时，实现了后左轮和后右轮的不同转速，可以保持两后车轮与地面间相对运动均为纯滚动。

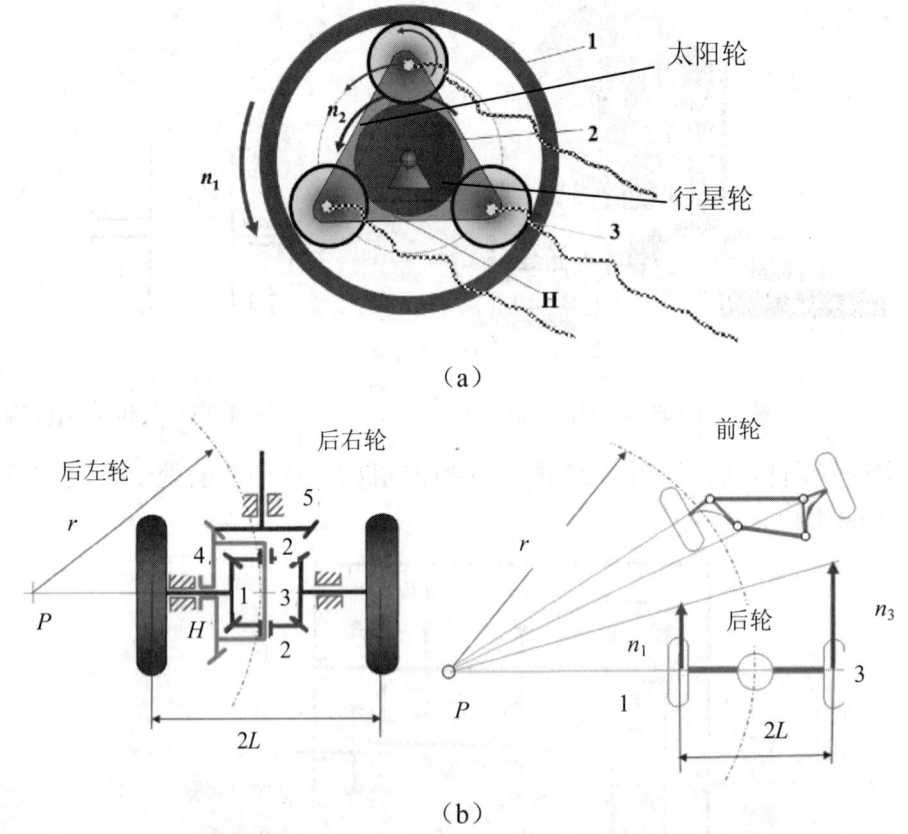

图 4-28　捻绳机构与汽车后轮差速机构

6. 在重量较小的条件下实现大功率传动。如图 4-29 所示的涡轮发动机的减速机构，采用多轮传动和功率分流传递，使得较小的外廓尺寸可传递大功率。

多赤边讲边展示各种齿轮系模型，莫星和罗智超也很快明白了齿轮系的功用。讲解完之后，多赤建议他们去齿轮系摊位亲自动手搭建齿轮系，莫星和罗智超当然愿意了。

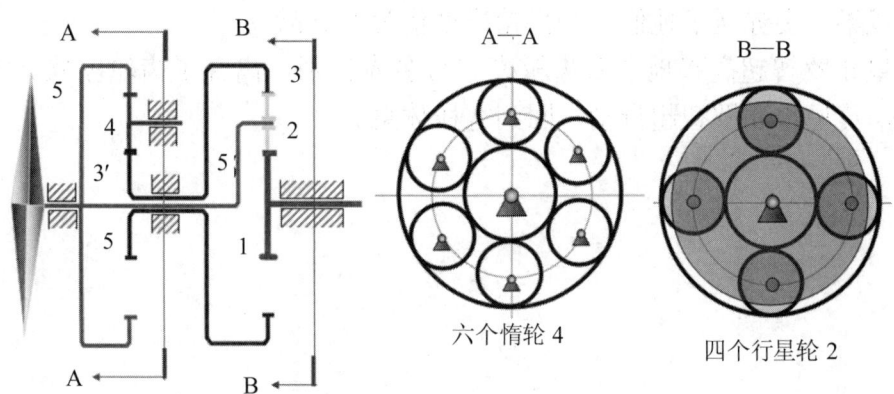

图 4-29　涡轮发动机的减速机构

搭建齿轮系之前，要先抽签抽取搭建任务。莫星要罗智超抽一下，罗智超就伸手去盒子中拿出了一个纸条，上面写明的搭建齿轮系任务是：搭建一个行星齿轮系。

前面见过行星齿轮系，莫星和罗智超就赶紧搭建起来，杆件、机架、齿轮都是有提供的，只需构思并装配起来即可。不一会儿，他们就搭建好了，如图 4-30（a）所示。

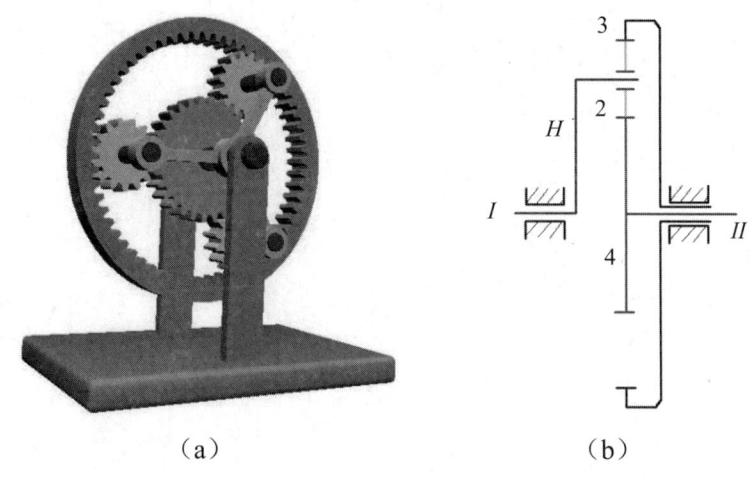

（a）　　　　　　　　　（b）

图 4-30　行星齿轮机构

多赤检查了下，称赞他们搭建得好，接着绘制了如图 4-30（b）所示的机构简图，并讲解这个行星齿轮系的传动原理。轴Ⅰ为输入轴，轴Ⅱ为输出轴，轴Ⅰ与行星架 H 连接在一起，一同将运动输入，带动行星轮 2 转动，并传递给太阳轮3和4，太阳轮4和轴Ⅱ连接一起，将运动输出。多赤告诉他们，如果将太阳轮 3 固定住，传动比会发生很大的变化。莫星和罗智超也体验了固定与不固定太阳轮 3 带来的传动比变化，发现真的相差很大，感觉很神奇。为了表扬他们的搭建成果，多赤送了他们一些齿轮模型作为纪念品。

莫星和罗智超高兴地拿着齿轮模型与多赤告别，离开了齿轮家族。天色也不早了，莫星也和罗智超告别，回到客栈休息。

第五章　时停时动的间歇机构家族

一天，糖果工厂的装箱传送带因为生产线老旧出现故障，找不到零件替换维修，需要重新设计一条新的装箱传送带，而且糖果工厂订单比较大，员工数量很少，靠员工手动装箱的话，生产完的糖果不能及时装箱，订单的交付压力很大。因此，糖果工厂的厂长想招聘设计师设计新的装箱传送带，并招聘多个临时工来完成订单。于是他贴出招聘启事（图 5-1）。

招聘启事

亲爱的朋友们：
　　因工厂装箱传送带老旧，生产完的糖果不能及时装箱，需要招聘多名临时工帮助装箱，报酬是一箱糖果一天，也可以换成等额的钱。同时招聘一名设计师设计一条新的装箱传送带，以便于糖果装箱。设计师的应聘人员需提前准备好方案，薪酬面谈。

　　　　　　　　　　　　　　　　糖果工厂

图 5-1　招聘启事

莫星听说糖果工厂生产出来的糖果非常好吃，于是就想去当临时工帮忙，以便得到一箱糖果的报酬。来到工厂后，莫星发现正在进行设计师的面试，来面试设计师的棘轮机构小吉和槽轮机构肖草，他们将向老板自我介绍并提出自己的设计方案。

5.1　间歇运动靠棘轮

第一个面试者是棘轮机构小吉，他打开 PPT 开始自我介绍。
大家好，我是棘轮机构小吉，是由棘轮和棘爪组成的一种单向间歇运动机构,这是我的照片(图5-2)。我是由主动摇杆1、棘爪2、棘轮3、止回棘爪4、弹簧5和机架6组成的,其中弹簧5用来使止回棘爪4和棘轮3保持接触。

接下来介绍我是怎样实现单向间歇运动的。

当主动摇杆1做逆时针方向摆动时,棘爪2便插入棘轮3的齿槽内,推动棘轮转动一定的角度,此时止回棘爪4在棘轮的齿背上滑过。当主动摇杆顺时针摆动时,止回棘爪阻止棘轮顺时针方向转动,棘爪在棘轮的齿背上滑过,棘轮保持静止不动。因此,当主动件做连续的往复摆动时,棘轮做单向的间歇运动。

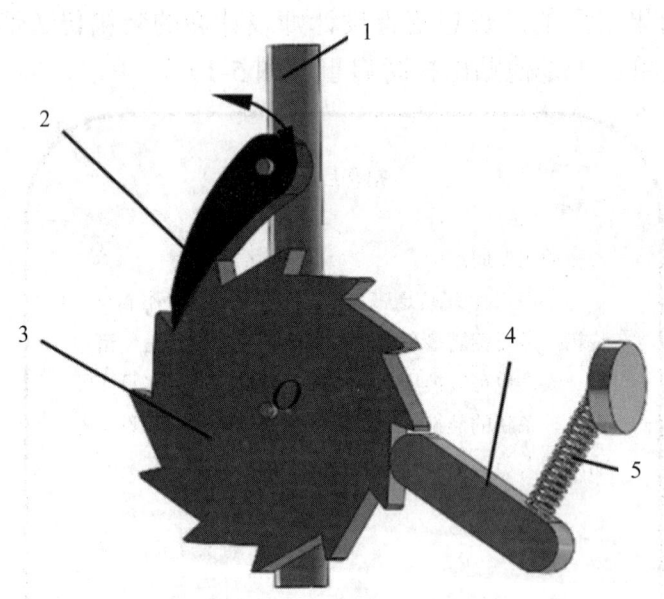

图 5-2 外啮合齿式棘轮机构

1—主动摇杆;2—棘爪;3—棘轮;4—止回棘爪;5—弹簧;6—机架

我们棘轮机构的类型较多,应用广泛,常见类型见表5-1所列。

表 5-1 常见棘轮机构类型及特点

类型	示意图	特点与应用
外啮合齿式棘轮机构		棘爪安装在棘轮外部,结构简单、制造容易,动停时间比通过选择合适的驱动机构实现。右图为曲柄摇杆机构与棘轮机构的组合,曲柄摇杆机构中的摇杆为棘轮机构中主动摇杆,推动棘轮单向间歇转动

(续表)

类型	示意图	特点与应用
内啮合齿式棘轮机构	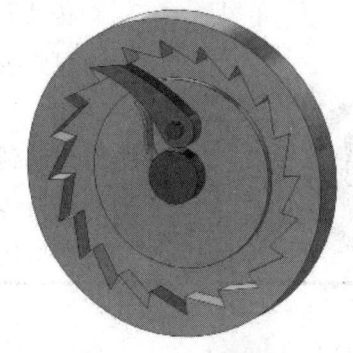	棘爪安装在棘轮内部,结构紧凑,外形尺寸小
棘条机构	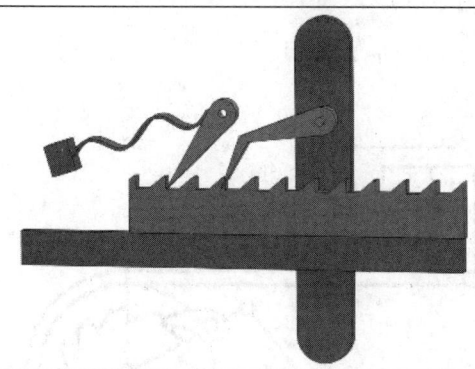	棘轮演变为直线棘条,该机构将主动摇杆的摆动转换为间歇的直线运动,结构简单,易于制造
双动式棘轮机构	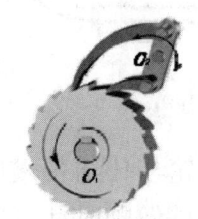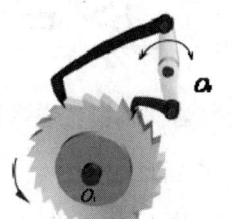	主动摇杆向两个方向做往复摆动的过程中,分别带动两个棘爪,两次推动棘爪转动。仅能朝一个方向做间歇运动。常用于载荷较大、棘轮尺寸受限、齿数较少、主动摆杆摆角小于棘轮齿距的场合
双向式棘轮机构		可以改变棘爪的摆动方向,实现棘轮的两个方向的转动

（续表）

类型	示意图	特点与应用
摩擦式棘轮机构		传动平稳、无噪声，动行程可无级调节。由于靠摩擦传动，会出现打滑现象，因此可起到过载保护的作用，也使得传动精度欠佳，一般用于低速轻载的场合

下面展示我的设计方案（图5-3）。

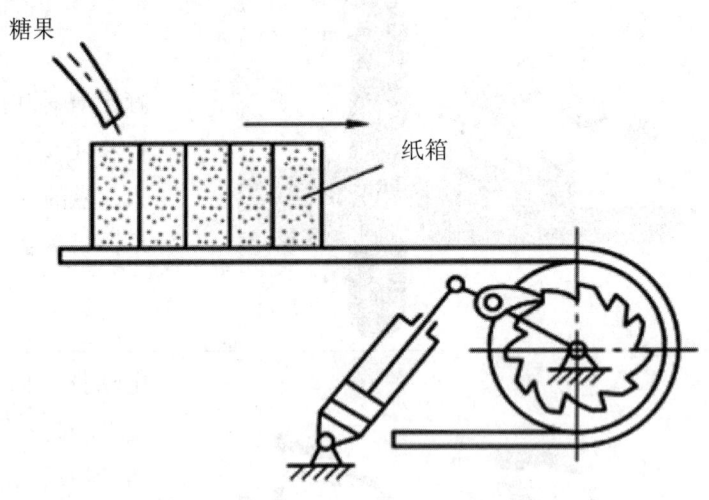

图5-3 装箱传送带机构

液压缸的活塞杆与装有棘爪的摇杆相连，棘轮与传送带滚筒同轴，利用液压缸的活塞杆来推动棘爪。当液压杆推出时，棘爪做顺时针方向摆动，棘爪便插入棘轮的齿槽内，推动棘轮转动一定的角度，带动传送带运动一定的距离；液压杆缩回时，棘爪做逆时针方向摆动，棘爪在棘轮的齿背上滑过，棘轮保持静止不动，传送带也不动，从而实现单向间歇转动。由于使用了液压系统，传送带可以用于重载。

"你的方案很不错，但很可惜，你没能通过面试。我们的传送带只用于轻载，因为我们的糖果比较轻，而且我们工厂也没有液压系统，只有之前留下的备用电机。"厂长说道。

"好可惜啊！"莫星看到垂头丧气的棘轮机构后感叹道。

5.2 间歇"老将"是槽轮

第二个面试者是槽轮机构肖草,他打开PPT开始自我介绍。

大家好,我是槽轮机构肖草,是由装有圆柱销的主动销轮、槽轮和机架组成的单向间歇运动机构,这是我的照片(图5-4)。我是由具有圆销的主动销轮1、具有若干径向槽的从动槽轮2及机架3组成的。

接下来介绍我是怎样实现单向间歇运动的。

当主动销轮1上的圆销G进入槽轮2的径向槽时,销轮外凸的锁止弧nn和槽轮内凹的锁止弧mm脱开,圆销G拨动槽轮2做顺时针转动;当圆销G与槽轮脱开时,槽轮因其内凹的锁止弧被销轮外凸的锁止弧锁住而静止。从而将销轮的连续回转运动转换为槽轮的单向间歇转动。

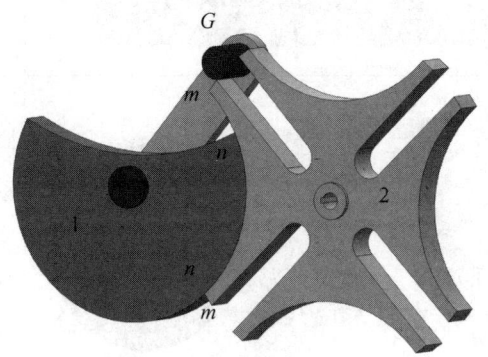

图 5-4 槽轮机构

1—主动销轮;2—从动槽轮

槽轮机构的优点是结构简单、制造容易、工作平稳可靠、机械效率较高。槽轮机构应用广泛,常见类型见表5-2所列。

表 5-2 常见槽轮机构类型及特点

类型	示意图	特点与应用
外槽轮机构		外槽轮机构的主、从动轮转向相反。应用在电影放映机、加工中心上斗笠式刀库的转位机构中等

（续表）

类型	示意图	特点与应用
内槽轮机构		内槽轮机构的主、从动轮转向相同，内槽轮机构的停歇时间短、运动时间长、传动较平稳，所占空间较小
移动槽轮机构		圆销转动时，可实现圆弧齿条的间歇移动
特殊要求的槽轮机构		圆销不均匀地分布在主动销轮的圆周上，可以实现销轮在转一周的时间内，槽轮多次停歇时间互不相等

下面展示我的设计方案（图5-5）。

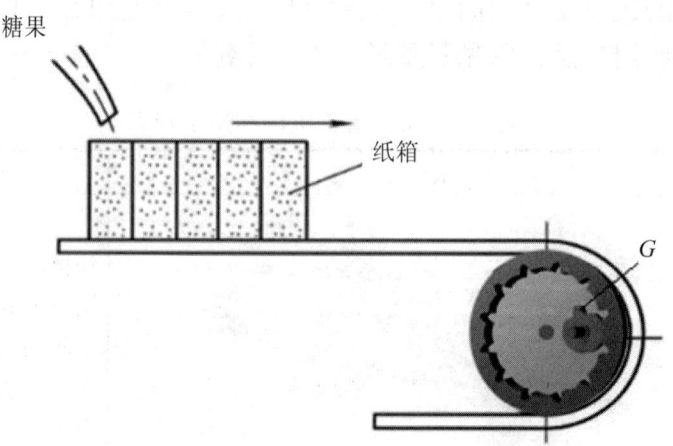

图5-5　槽轮机构糖果装箱传送带

装有齿销的销轮与电机连接，槽轮与传送带滚筒同轴。

当销轮顺时针运动时，销轮上的齿销 G 进入槽轮的径向槽，销轮外凸的锁止弧和槽轮内凹的锁止弧脱开，齿销拨动槽轮顺时针转动一定的角度，带动传送带运动一定的距离；当齿销与槽轮脱开时，槽轮因其内凹的锁止弧被销轮外凸的锁止弧锁住而静止，传送带静止不动。从而实现单向间歇转动。该机构的优点是结构简单、工作平稳可靠、机械效率较高。

当肖草结束介绍的时候，厂长马上走到肖草面前，高兴地跟他说："你被录用了。你就是我们糖果工厂新任的设计师，明天就可以来上班了。"

设计师的面试结束后，就轮到了临时工的面试。很遗憾，莫星最终没有通过临时工的面试，因为他的年纪太小了，法律不允许他参加这样的工作。最后厂长送了莫星一包糖果，莫星高高兴兴地回家了。

5.3　还有不完全齿轮？

出了糖果厂，莫星看到罗智超和他的朋友正准备去不完全齿轮家里去做客，于是就跟过去了。到了不完全齿轮家里，小布接待了他们。

"我觉得你们跟齿轮机构长得差不多啊？你们之间有什么关系吗？"莫星问道。

其实不完全齿轮机构是由齿轮机构演变而来的，不同的是，不完全齿轮机构的主动轮的齿是不完整的，通常只有一个或几个齿，其他部分是锁止弧。

不完全齿轮机构的特点是当主动轮做连续转动时，从动轮作间歇运动。

以图5-6为例，主动轮1连续转动，当轮齿进入啮合时，从动轮2开始转动；当轮齿退出啮合时，由于主动轮1和从动轮2上锁止弧的密合定位作用，使得从动轮2处于停歇位置，从而实现了从动轮2的间歇转动。

图 5-6　外啮合不完全齿轮机构

不完全齿轮机构有外啮合、内啮合及齿轮齿条三种形式，分别如图 5-6、图 5-7 所示。

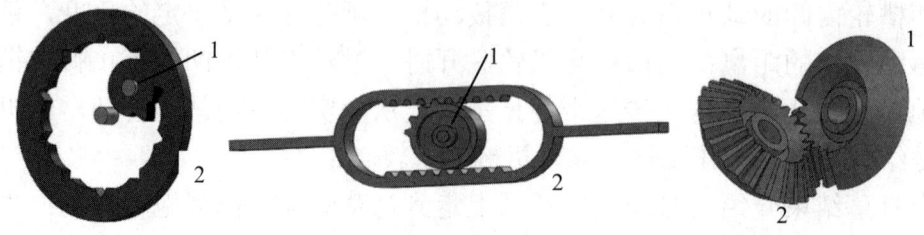

（a）内啮合不完全齿轮机构　（b）齿条型不完全齿轮机构　（c）圆锥齿轮不完全齿轮机构

图 5-7　其他不完全齿轮机构

时停时动家族这么大，与其他家族比较，不完全齿轮机构有什么优点和缺点吗？

不完全齿轮机构与其他间歇运动机构相比，主要有以下优点：

1．结构简单，容易制造，工作可靠。

2．设计时可在较大范围内调整从动轮的运动时间和静止时间的比例。

不完全齿轮的缺点是冲击较大，因此只适用于低速、轻载场合。

不完全齿轮机构在传动过程中，从动轮做间歇运动，在从动轮开始和停止运动时角速度有突变，冲击较大，因此一般适用于低速轻载的工作条件。多用于多工位自动机和半自动机工作台的间歇转位机构和电表、煤气表等的计数器中。

比如图 5-8 所示的间歇机构中，采用不完全齿轮实现了对物料的间歇供给。

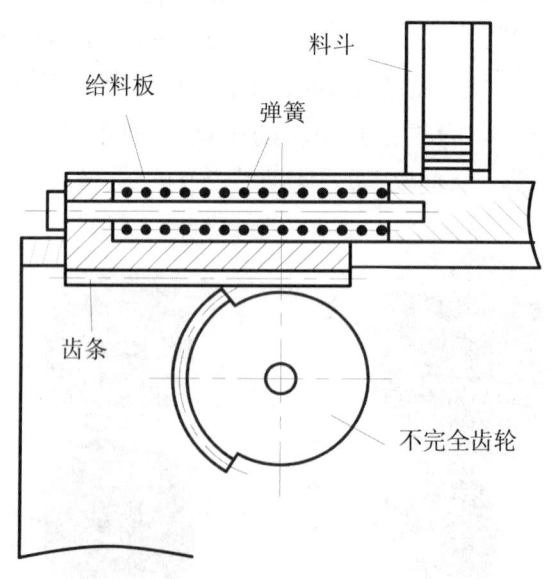

图 5-8　不完全齿轮机构的应用

看了不完全齿轮的展示，莫星感到，有时不完整也有特别的用处。莫星与罗智超他们告别了小布，转去参观旁边的擒纵机构。

5.4　擒纵机构也不赖

擒纵机构家族的阿秦接待了莫星和他的朋友们，并向他们展示了擒纵机构。

擒纵机构是一种间歇运动机构，由擒纵轮、擒纵叉及游丝摆轮等组成。主要用于计时器、定时器等。擒纵机构可分为有固有振动系统型擒纵机构和无固有振动系统型擒纵机构两类。

固有振动系统型擒纵机构常用于机械手表、钟表中，如图 5-9（a）所示的钟表擒纵机构。

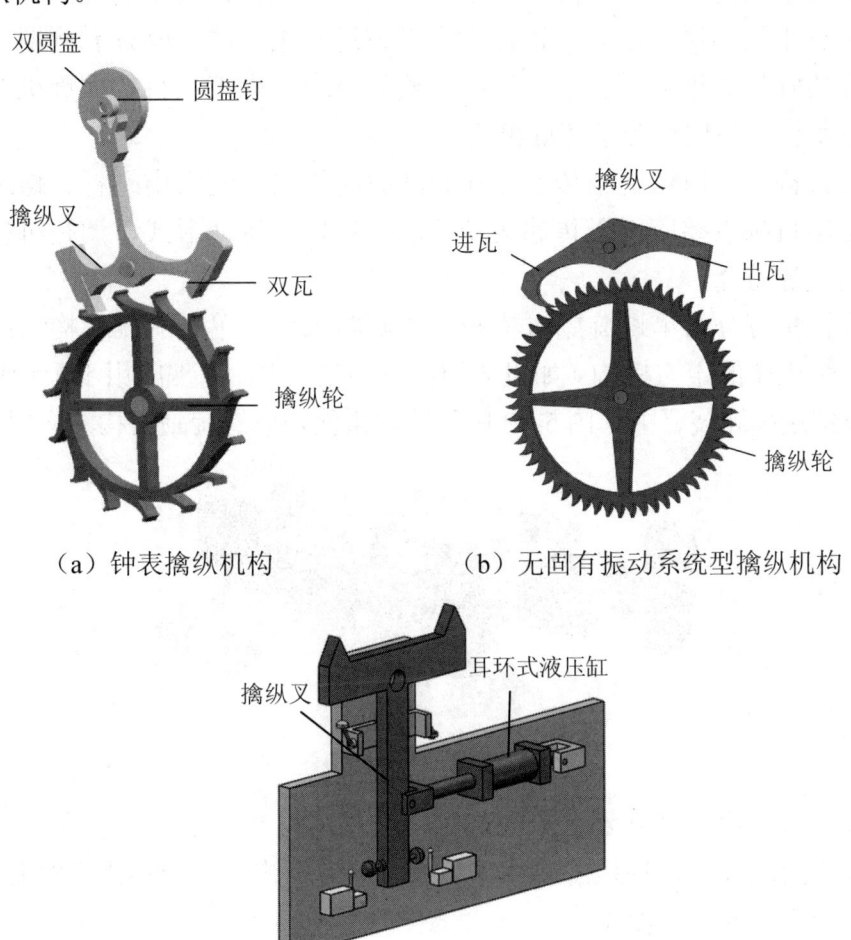

（a）钟表擒纵机构　　（b）无固有振动系统型擒纵机构

（c）搬运工件的分离擒纵机构

图 5-9　常见的擒纵机构

无固有振动系统型擒纵机构如图 5-9（b）所示，结构简单，便于制造、价格低，但振动周期不稳定。主要用于计时精度要求不高、工作时间较短的场合，如时间继电器、计数器、自动记录仪、测速器、定时器及照相机快门和自拍器等。

图 5-9（c）为装配线上用于搬运工件的分离擒纵机构，通过液压缸的伸出与缩回运动，推动擒纵叉实现对装配线上运送的工件进行擒纵。

看了擒纵机构，莫星觉得以后有计时的工作就可以交给擒纵机构去执行了，收获还是挺多的。虽然依依不舍，但还是和阿秦道别。

5.5　样样在行的螺旋传动

出了擒纵机构家，一转弯，莫星发现还有个螺旋机构小街道，"不如进去逛逛"，有小伙伴这样建议。正在大家考虑进不进去时，刚好看到罗哥在小街上，正在招呼他们进去看看。一进螺旋机构小街，琳琅满目的螺旋机构各自忙碌着。罗哥也给他们科普了螺旋机构。

螺旋机构是利用螺旋副传递运动和动力的机构。通常由螺杆、螺母和机架组成。螺旋机构主要应用于传递运动和动力、转变运动形式、调整机构尺寸、微调与测量等场合。

螺旋机构可分为单螺旋副机构和双螺旋副机构。单螺旋副机构常用于台钳及金属切削机床的走刀机构（如机床横向进刀架）中，也常应用于千斤顶、螺旋压榨机及螺旋拆卸装置中。图 5-10 所示的虎钳便是单螺旋副机构的应用实例。

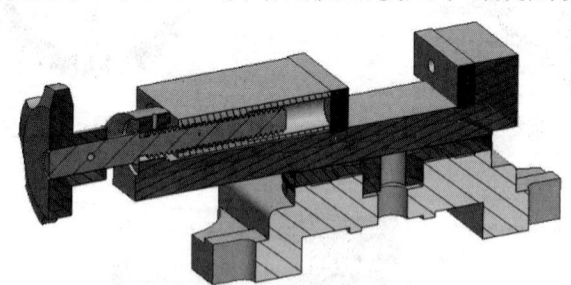

图 5-10　单螺旋副机构

双螺旋机构中，若两螺旋副的螺旋方向相同，在一定的螺纹导程下，螺母能产生极小的位移，这种螺旋机构称为差动螺旋机构。它常被用于螺旋测微器、分度机及天文和物理仪器中。

若两个螺旋副的螺旋方向相反而导程大小相等，则能使螺母产生较快的移动。这种螺旋机构称为复式螺旋机构，如图 5-11 所示。该类螺旋机构有以下应用：

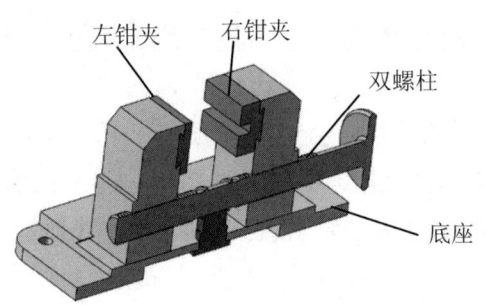

图 5-11 双螺旋副机构

1．复式螺旋常用在需要两构件能很快接近或分开的场合，如火车车厢连接器。

2．铣床上铣圆柱体零件用的定心夹紧机构，由平面夹爪和 V 型夹爪组成，螺杆的两端分别为右旋和左旋螺纹，采用导程不同的复式螺旋。当转动螺杆时，两夹爪就夹紧工件。

3．压榨机构，螺杆两端分别与两螺母组成旋向相反、导程相同的螺旋副。根据复式螺旋原理，转动螺杆时，两螺母很快地靠近，再通过连杆使压板向下运动，以压榨物件。

螺旋机构有如下优点：

1．能将回转运动变换为直线运动，而且运动准确性高。例如，一些机床进给机构，都是利用螺旋机构将回转运动变换为直线运动。

2．速比大。可用于如千分尺那样的螺旋测微器中。

3．传动平稳，无噪声，反行程可以自锁。

4．省力。例如，拆卸工具可将配合得很紧的轴和轴承分开。

螺旋机构的缺点是：效率低、相对运动表面磨损快；另外，实现往复运动要靠主动件改变转动方向来实现。

走到螺旋机构小街的尽头，依稀看到万向接轴院子。于是大家跟罗哥道别，转到万向接轴院子。

5.6 轴轴传动一定要对心吗？

进到万向接轴院子，各式各样的万向接轴都在忙碌着。这时周姐出来招呼他们喝茶，也向莫星和朋友们娓娓道来万向联轴的故事。

万向联轴节由两轴叉和连接叉铰链连接而成，是传递两相交轴转动的机构。万向联轴节分为单万向联轴节和双万向联轴节。中间连接又有多种结构型式，如十字轴式、球笼式、球叉式、凸块式、球销式、球铰式、球铰柱塞式、三销式、三叉杆式、三球销式、铰杆式等，其中，最常用的为十字轴式，其次为球笼式。万向联轴节在传动过程中两轴之间的夹角可以变动，具有较大的角向补偿能力，结构紧凑，传动效率高。它广泛应用于汽车、机床、冶金机械等传动系统中。

单万向联轴节两轴交角为 α，当主动轴旋转一周时，从动轴也随之旋转一周，但在一个周期内两轴的瞬时角速度并不时时相等。图 5-12 是常见的单万向联轴节。

将两个单万向联轴节的从动轴和主动轴合为一根轴，即构成由两个单万向联轴节组成的双万向联轴节，如图 5-13 所示。双万向联轴节应用较多。如轧钢机轧辊传动中的双万向联轴节，它能适应不同厚度钢坯的轧制。汽车万向传动装置也是双万向联轴节，装在汽车底盘前部的发动机变速箱通过双万向联轴节带动后桥中的差速器，驱动后轮转动。汽车行驶中，由于道路等原因引起悬架变形，从而使变速箱输出轴的相对位置实时变动，这时双万向联轴节的中间轴（也称传动轴）与它们的倾角虽然也有相应的变化，但传动并不中断，汽车仍然继续行驶。

图 5-12　单万向联轴节

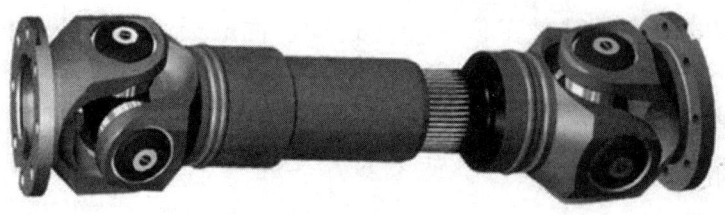

图 5-13　双万向联轴节

看完不同的万向联轴节后，莫星和朋友们感觉万向联轴节在轴轴直连方面很有优势，可以用在很多地方。告别周姐，就准备回客栈，意外发现旁边还有一个挠性传动机构小区，大家决定进去看看。

5.7　挠性传动机构

进到挠性传动机构小区，莫星他们看到了比较熟悉的带传动、链传动、绳索传动，感觉非常亲切。这时，老川过来给他们介绍这里的挠性传动机构。

1. 带传动机构

带传动机构由主动轮、传动带、从动轮组成。当原动机驱动主动轮转动时，传动带依靠摩擦力带动从动轮转动，并传递一定的动力。公交车发动机上的带传动，如图5-14所示。

图5-14 公交车发动机上的带传动

带传动具有过载保护、传动平稳、缓冲吸振、结构简单、成本低等特点，在机械中被广泛应用。缺点是传动比不准确，弹性滑动、打滑、带的寿命短，安装时需要张紧，轴与轴承受力较大，不适用于高温和有腐蚀介质的场合等。

常用的带传动有平带传动、V带传动、多楔带传动和同步带传动等。

2. 链传动机构

链传动机构由主动链轮、链条、从动链轮组成。链轮上有特殊齿形的轮齿，与链条上链节啮合传动运动和动力。常见运用如自行车上的链传动（图5-15）。

图5-15 自行车的链传动

链传动无弹性滑动和打滑，平均传动比较准确，传动效率高，结构紧凑，作用在链条上的预紧力较小，能够在高温、低速的工况下工作。不足是：瞬时传动比不恒定，工作时有噪声，磨损后易发生跳齿，不适合载荷变化很大、高速和需要急速反向传动的场合。

按链条用途不同，有传动链、输送链和起重链。输送链和起重链主要用于运输和起重机械中，而传动链在一般传动中用得较多。按链条结构分，主要有套筒链、滚子链和齿形链等。

3．绳索滑轮传动机构

绳索滑轮传动机构由绳索、滑轮、卷筒及其驱动装置组成。通常用的钢丝绳索是挠性构件，具有强度高、承载能力大、耐冲击、自重轻等特点。绳索滑轮传动机构运行平稳，高速工作时噪音小、构造简单、工作可靠、重量轻，但也存在效率低、机构易晃动、绳索易磨损等不足。

绳索滑轮机构广泛用于工程机械中的起升机构、变幅及牵引机构中（图5-16）。

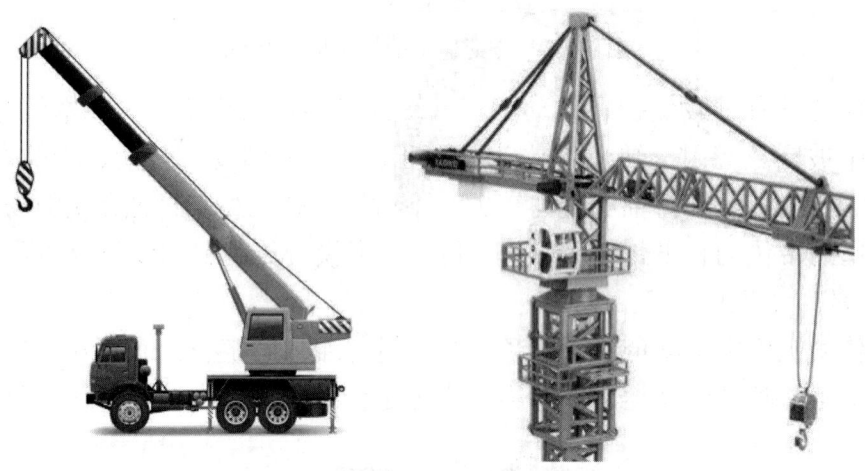

图 5-16　起重机上的绳索滑轮传动

4．摩擦传动机构

摩擦传动机构由两个互相压紧的摩擦轮和压紧装置组成。主要依靠两摩擦轮接触面间的摩擦传递力和运动。这种机构具有运转平稳、过载保护、结构简单等优点，但也存在传动过程中有滑动、传动效率低、尺寸较大以及轴上受力较大等不足。一般用在无级调速、离合器等轻载场合（图5-17）。

不知不觉看完了挠性传动小区，莫星他们告别老川，回到客栈。在休息之前，莫星回想了这些间歇机构的结构与运转原理，又是充实的一天，莫星感觉学习知识时间过得非常快。

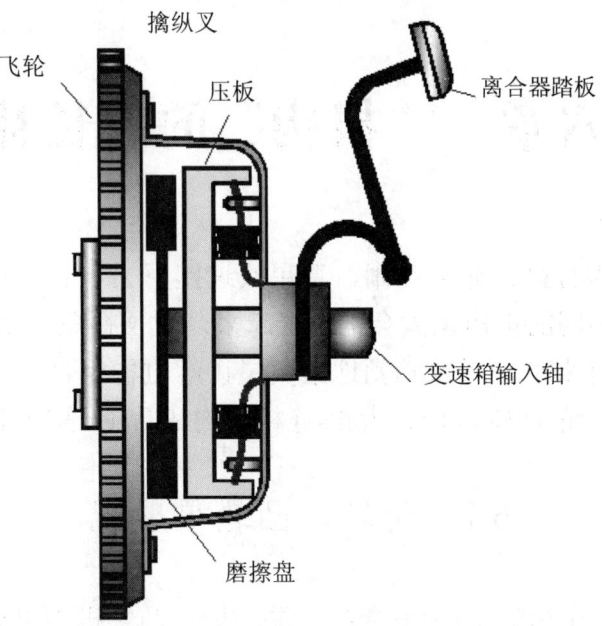

图 5-17　汽车离合器中的摩擦传动机构

第六章 "机构"的取长补短

听到外面敲锣打鼓，非常热闹，莫星快速跑下去一看，原来是在举行机构组合大会，各种不同的机构在大会上组合起来，取长补短，以发挥更大的作用。这时罗智超也跑过来了，兴致勃勃地给莫星讲解机构组合。工程实践中常用的组合机构类型有齿轮-凸轮机构、齿轮-连杆机构和凸轮-连杆机构。

6.1 齿轮、凸轮很般配

罗智超指着一个齿轮-凸轮组合机构说，齿轮-凸轮机构可充分利用齿轮和凸轮机构的优势来完成特殊要求的工作。如利用凸轮机实现给定运动规律的整周回转运动，它可使从动件获得变速运动、间歇运动及复杂的运动规律。同样，利用齿轮能改变运动传递方向、传动比等特点，可实现原动件输入运动的灵活配置。

罗智超给莫星举了两个例子，一个是齿轮-凸轮夹紧机构，如图 6-1（a）所示，将活塞杆的直线运动转化为压紧杠杆的摆动，实现对工件的夹紧。

另一个是变速摆动机构，如图 6-1（b）所示，是通过齿轮齿条和凸轮机构将活塞杆的直线运动转变为摆杆的变速摆动。

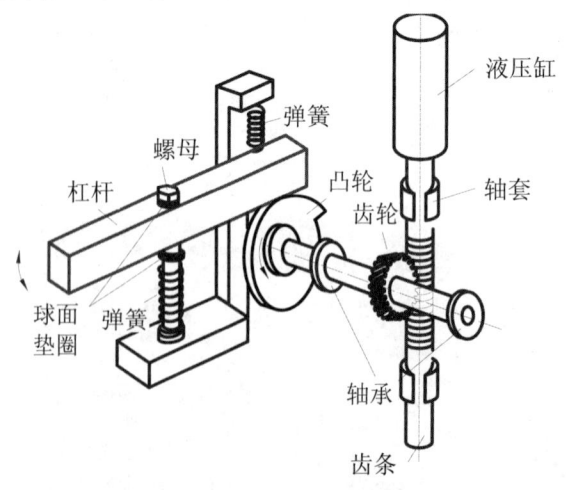

（a）齿轮-凸轮夹紧机构
图 6-1 齿轮-凸轮组合机构

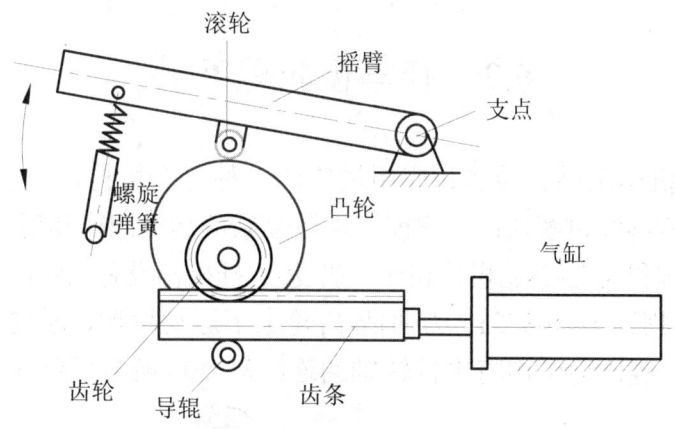

(b) 齿轮凸轮变速摆动机构

图 6-1 齿轮-凸轮组合机构（续）

莫星看了这两个例子，感觉齿轮机构与凸轮机构组合起来，确实充分发挥了齿轮机构与凸轮机构各自的优势。他还想知道这种组合的更多应用，于是问罗智超还有哪些应用案例，罗智超想了一会儿，给莫星举了两个例子，一个是进刀装置，如图 6-2（a）所示，该装置由圆柱凸轮机构与非完全齿轮齿条机构组成，将旋转运动转换为刀具的水平进给。另一个是绘图机构，如图 6-2（b）所示，齿轮机构与等宽凸轮机构组合，实现了推杆笔尖的绘图动作（绘制曲边四边形）。

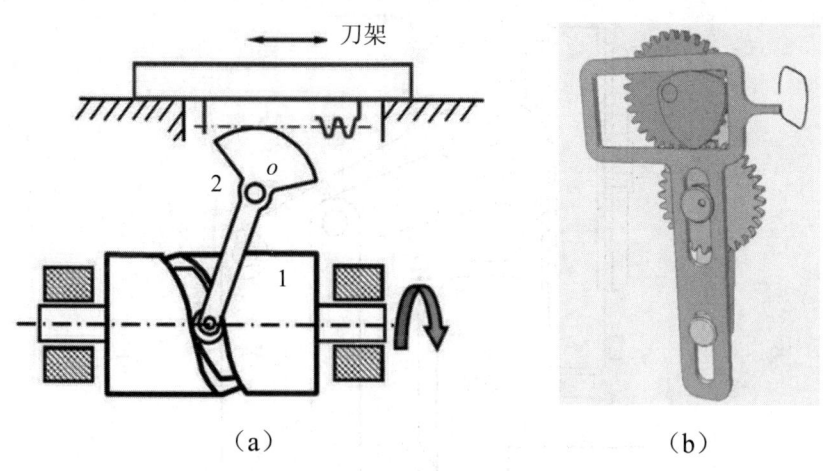

图 6-2 进刀机构与绘图机构

莫星看了这两个应用案例，对凸轮机构与齿轮机构组合有了更深地认识。这时罗智超开始讲解另外一种组合，杆机构与齿轮机构的组合。

6.2 杆与齿轮能互补

齿轮-连杆机构是种类最多、应用最广的一种组合机构,罗智超指着一个齿轮-连杆组合机构继续讲解道:"它能实现较复杂的运动规律和运动轨迹,而且它与凸轮-连杆机构和齿轮-凸轮机构相比,齿轮-连杆机构没有凸轮,制造更方便。"

看一些案例吧,图6-3(a)为曲柄-齿轮上下运动机构,通过曲柄摇杆机构、扇形齿轮机构、链传动机构将电机转轴的连续转动转换为平台往复升降运动。

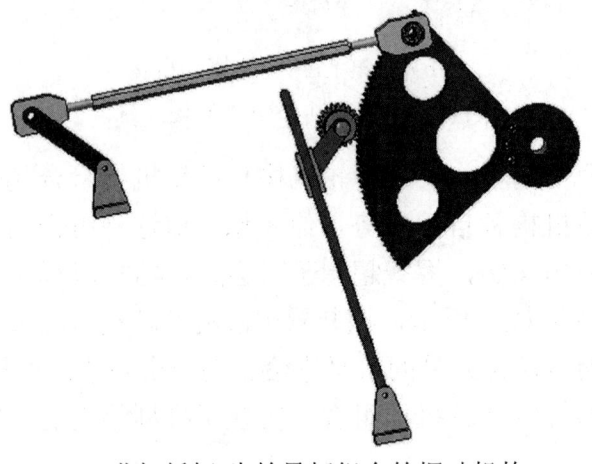

(a) 曲柄摇杆-齿轮导杆组合的摆动机构

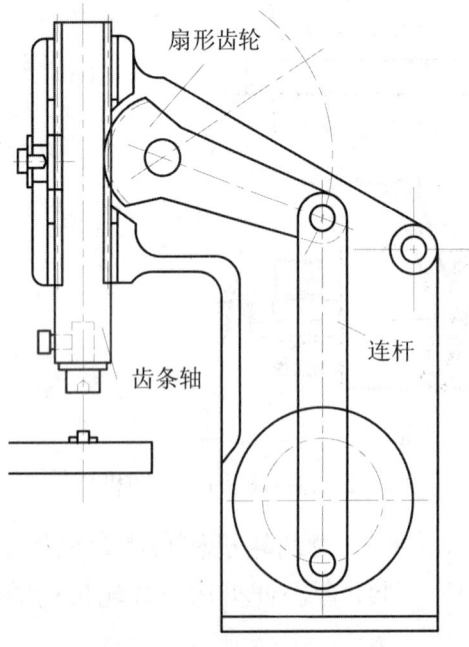

(b) 连杆-齿轮齿条组合的压力机

图6-3 齿轮-连杆机构

另一个应用实例为行星齿轮机构与连杆机构的组合，如图 6-3（b）所示，将液压马达的往复回转运动转化为输出轴的往返直线运动。

莫星看完这些齿轮-连杆机构应用案例，觉得不过瘾，要罗智超再举几个例子，罗智超苦笑了一下，找到另外两个应用案例让莫星开开眼界。一个是推送装置，如图 6-4（a）所示，将齿轮的转动变换为滑块的往复移动；另外一个是风扇的摇头装置，如图 6-4（b）所示，齿轮的转动既传递给蜗杆连接的叶片，也传递给四杆机构实现摇头。

（a）

（b）

图 6-4 推送机构与摇头机构

看到莫星心满意足的样子，罗智超知道他对杆机构与齿轮机构的组合理解得差不多了，于是开始讲解杆与凸轮的组合机构。

6.3　杆与凸轮较和谐

凸轮机构的推杆运动规律比较精确，连杆机构连杆上某点的运动轨迹比较精确，二者组合，凸轮-连杆机构能精确实现给定的运动规律和运动轨迹，应用比较广泛。

罗智超介绍完凸轮-连杆机构的优势，开始给莫星介绍两个应用实例：一个是凸轮连杆直线运动机构，如图 6-5（a）所示，凸轮给定的速度和加速度规律通过连杆机构传递给滑动台，使滑动台按照给定的运动规律运动。另一个是工件移动机构，如图 6-5（b）所示，当气缸直线运动时，手爪通过滚轮按照凸轮的轨迹运动，同时连杆机构的约束，这样能够保证手爪按照预定的直线运动和垂直运动。

罗智超看出莫星还想知道一些应用案例，又给他说了两个，一个是料仓门的开闭机构，如图 6-6（a）所示，它将气缸的直线移动转换为仓门的周期性开闭；另外一个是水平与垂直双向推料装置，如图 6-6（b）所示，通过曲柄滑块机构与移动凸轮机构组合，将转动变为水平与垂直方向的往复运动。

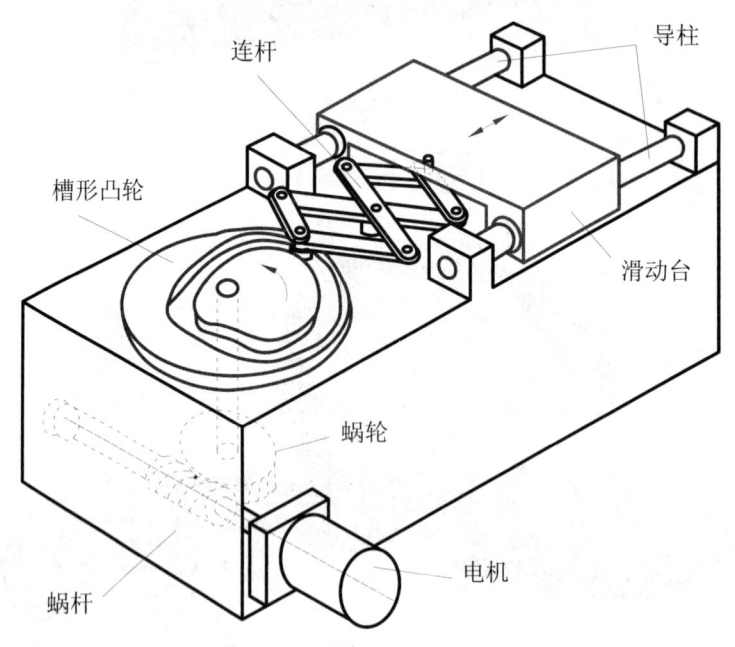

（a）凸轮连杆直线运动机构

图 6-5　凸轮-连杆机构

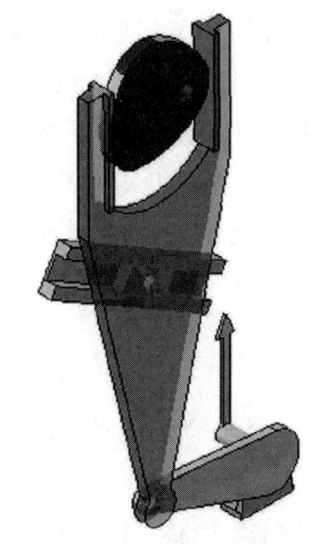

（b）凸轮-连杆组合的摆动指示机构

图 6-5　凸轮-连杆机构（续）

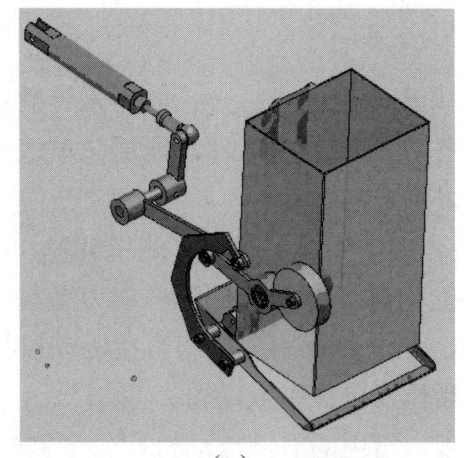

（a）

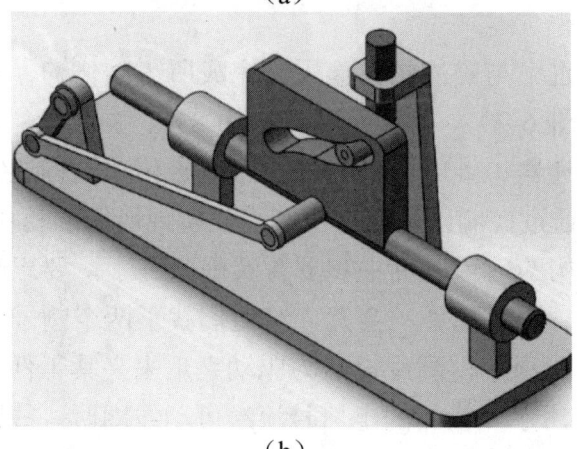

（b）

图 6-6　仓门开闭机构与双向推料机构

一下子接触到这么多组合机构，莫星感觉很开心，就问："杆机构与杆机构组合呢？凸轮机构与凸轮机构组合呢？齿轮机构与齿轮机构组合呢？"罗智超笑起来，告诉他："杆机构与杆机构的组合仍然是杆机构，称为多杆机构，当然可以完成复杂的功能。同样，凸轮机构与凸轮机构的组合为多联凸轮机构。齿轮机构与齿轮机构组合是齿轮系，它们都能实现复杂的功能动作。"

莫星点点头，表示明白了。这时看到一个新型机构的巷子，就和罗智超往那边走去。

6.4 新型机构

莫星和罗智超进巷子后看到许多不一样的机构，这时新型机构导游晓星出来迎接他们，给他们介绍巷子内的新型机构，如广义机构、柔顺机构、变胞机构等。

1. 广义机构

晓星介绍，广义机构是含液、气、光、电、磁等的机构。在广义机构中，由于利用了一些新的工作介质或工作原理，能更简单地实现运动或动力转换，还可以实现传统机构难以完成的运动。

"广义机构有什么特点呢？"莫星问道。晓星解释，广义机构的构件不局限于刚性构件，还包括挠性构件、弹性构件等。动力源与原动件有时融为一体，如液压机构、气动机构、光电磁机构、伺服直接驱动机构等，动力源和执行构件融为一体的，如压电晶体直接作微制动器。

广义机构的种类繁多，常用的有液气动机构、电磁机构、光电机构等。

（1）电磁机构

电磁机构是通过电与磁的相互作用来完成所需动作的，常见的电磁机构可以实现回转运动（图6-7）、往复运动（图6-8）、振动等。电磁机构包括电磁传动机构、变频调速器、继电器机构等。而电磁传动机构通常有电磁铁，由通电线圈产生磁场，通过控制磁场的产生和变化实现所需的动作。

一看到电磁机构的应用，莫星和罗智超就来劲了，要求晓星赶快举几个电磁机构应用的例子。晓星想了一会儿，给他们找了两个例子，一个是电磁夹紧装置，如图6-9（a）所示，利用电磁力驱动夹爪来夹紧工件；另一个是电磁仪表，如图6-9（b）所示，检测的电信号流经可动线圈时，线圈在磁场力的作用下偏转，带动指针显示测量物理量的读数。

第六章 "机构"的取长补短

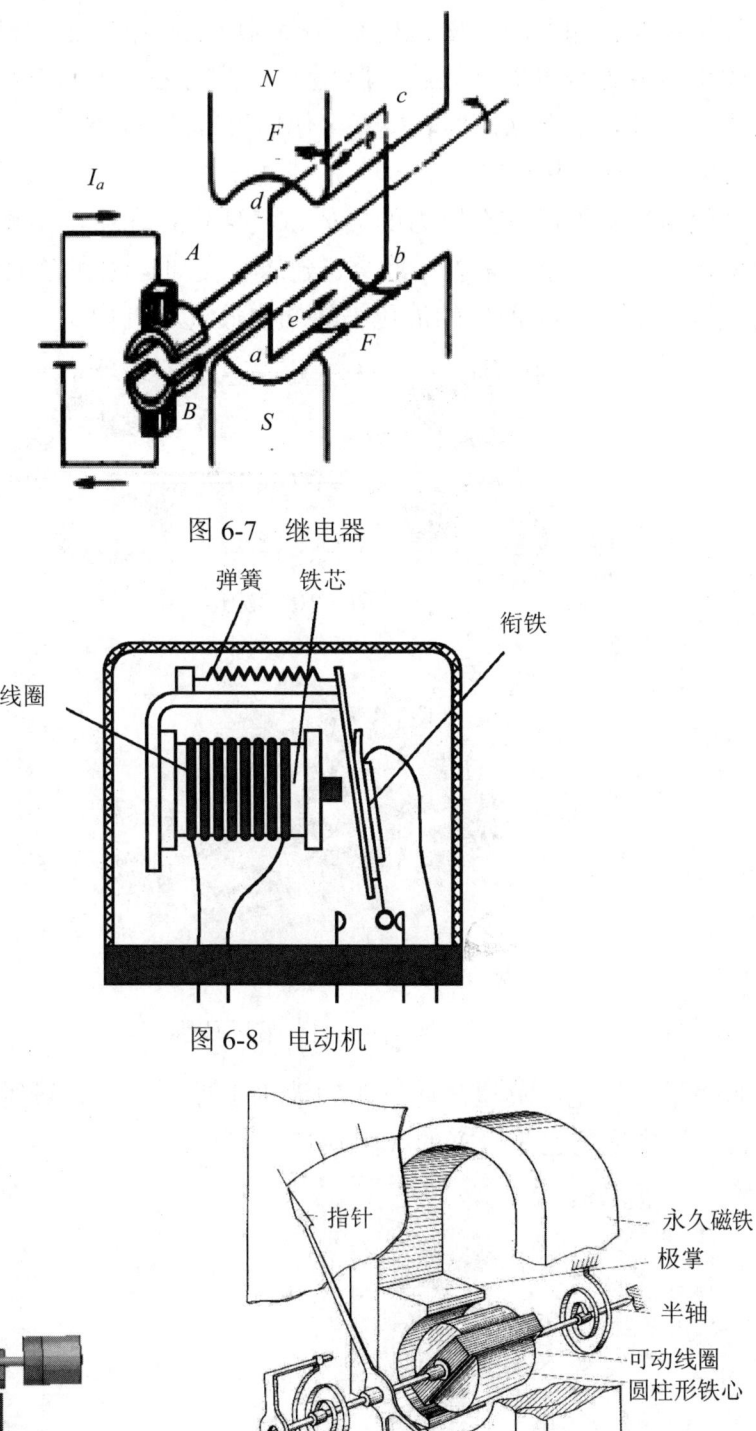

图 6-7 继电器

图 6-8 电动机

图 6-9 电磁夹紧机构与电磁仪表机构

莫星和罗智超发现电磁机构是直接利用电磁原理驱动机械，减少了传递环节。"但力或力矩可能不太够"晓星补充了电磁机构的不足，"后面会继续研究改进。"讲完了电磁机构，接着给他们讲解液气动机构。

（2）液气动机构

液气动机构是以具有压力的液体、气体作为介质，实现能量传递与运动变换的机构，广泛应用于采矿、冶金、建筑、交通运输和轻工行业，如图6-10所示的液压缸和图6-11所示的液压马达均为液气动机构。

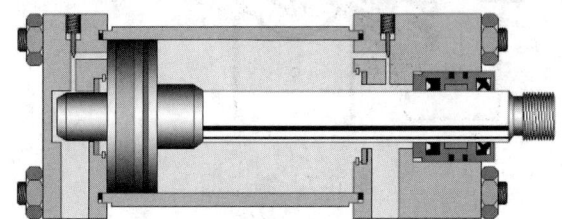

图6-10 液压缸

图6-11 液压马达

听晓星介绍完，莫星想起汽车的液压千斤顶、气弹簧等，发现液气动机构在日常生活中应用也是挺多的（图6-12）。

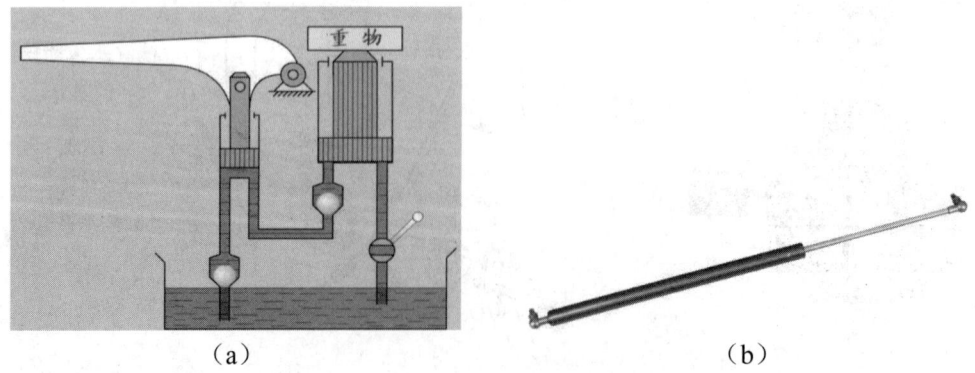

（a）　　　　　　　　　　　　　（b）

图6-12 液压千斤顶与气动弹簧

"广义机构还有很多,如压电驱动机构,磁致伸缩机构,光电机构等,你们可以多关注下,我们继续看另外一种柔顺机构。"晓星继续给他们介绍道。

2．柔顺机构

柔顺机构是一种利用构件自身的弹性变形来完成运动和力的传递与转换的新型机构,具有许多传统机构所没有的优点。

（1）能整体化（或一体化）设计和加工,故可简化结构、减小体积和重量、免于装配、降低成本。

（2）无间隙和摩擦,可实现高精度运动。

（3）免于磨损,提高寿命。

（4）免于润滑,避免污染。

（5）改变结构刚度。

柔顺机构主要有两类:

a）以柔性铰链为主要特征的柔顺机构。

依靠机构中柔性铰链中间较为薄弱的部分在力矩作用下产生较明显的弹性角变形来完成运动或力的传递和转换,如图 6-13 所示的柔顺曲柄滑块机构。

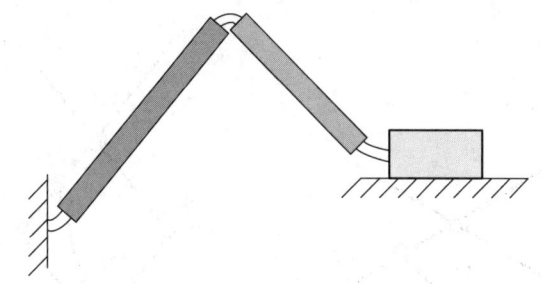

图 6-13　柔顺曲柄滑块机构

b）以柔顺杆为主要特征的柔顺机构。

依靠机构中较薄的柔顺杆的弹性变形来进行运动或力的传递和转换。主要用于轻型化机构,如:柔顺超越离合器、柔顺卷边机构等。图 6-14 所示为常见的柔顺机构。

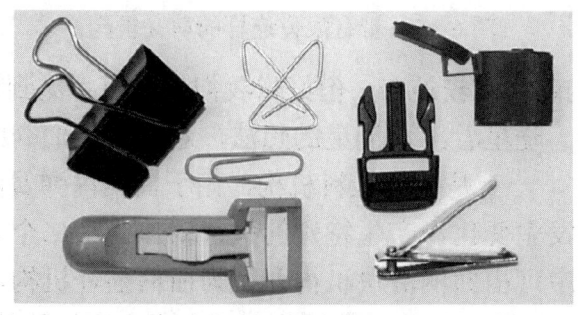

图 6-14　常见的柔顺机构

听到这里,莫星和罗智超才知道很熟悉的铁夹子、指甲剪等都是柔顺机构。"我再给你们介绍一种神奇的新型机构,叫作变胞机构"晓星故作神秘地说道。

3. 变胞机构

变胞机构是能在瞬时使某些构件发生合并或分离、或出现几何奇异,并使机构有效构件数或自由度数发生变化,从而产生新构型的机构,即能从一种结构形式变换到另一种结构形式的机构。在结构形式变化过程中或出现奇异位形时,其有效杆数目发生变化,构件的连接关系也发生变化,改变了其原构型,组合成新机构,自由度也发生变化。变胞机构改变了传统机构的概念和机构设计,提出了可变自由度和可变构件数目的机构,具有极其广阔的应用前景。

变胞机构应用在具有多个不同工作阶段的场合,并且由一个工作阶段到另一个工作阶段过程中,总是以改变机构的拓扑结构(由此改变机构的自由度)来呈现出不同机构类型或运动性能来实现功能要求。例如,图6-15所示为一种变胞机构,剪叉机构中添加连杆EM和连杆MG,这样在剪叉展开至EM和MG共线前运动过程中限位连杆EM、MG就不会起作用,当剪叉展开运动到达连杆EM、MG共线位置时,形成有效限位约束。

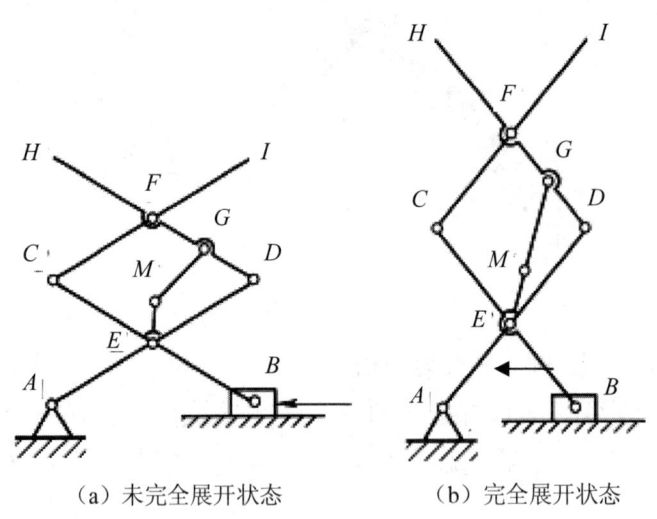

(a) 未完全展开状态　　　(b) 完全展开状态

图6-15　带有限位连杆的剪叉机构

"这个变胞机构确实比较神奇,但好像我们身边很少见到这样的机构。"莫星自言自语地说道。晓星看出了莫星的想法,赶紧给他们介绍了两个变胞机构的应用(图6-16),一个是变胞推料机构,由于曲柄内弹簧的存在,该机构自由度在运转过程中发生变化,产生特殊的执行动作;第二个是变胞的杆机构,该机构在运转过程中可由曲柄滑块机构变换为曲柄摇杆机构,实现了机构的构态变换。通过这两个例子的展示,莫星终于明白了变胞机构的特点。

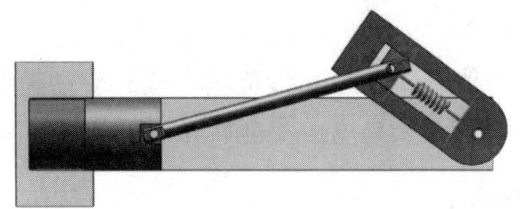

（a）变胞推料机构

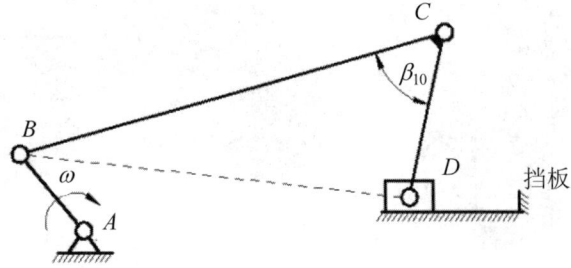

（b）构态1：曲柄滑块机构

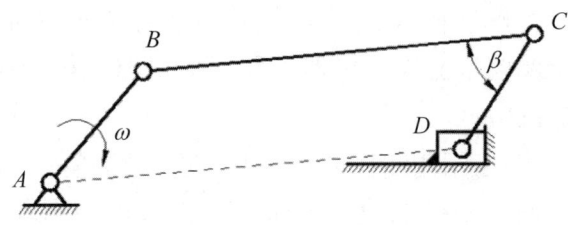

（c）构态2：曲柄摇杆机构

图 6-16　变胞的推料装置与变胞杆机构

不知不觉已经走到新型机构巷子的尽头，莫星和罗智超跟晓星道谢，转到旁边非常热烈的机器人机构院子。在院子门口就碰到迎宾机器人阿极，正挥着他可爱的小手向他们致意。

6.5　机器人中的主要机构

机器人中用到了很多机构，除机器人本体中的减速器、各种传动机构、行走机构等，还有末端执行器。如用到了连杆机构、齿轮机构、皮带传动等的机械手。"首先看一下机器人的移动机构"，阿极边走边介绍起来。

1. 移动机构

机器人行走机构通常由驱动装置、传动装置、位置检测装置、传感器、电缆和管路等构成。对于无固定轨迹机器人，按行走机构的特点可分为轮式、履带式和步行式等。前两者与地面连续接触，后者与地面为间断接触。

（1）轮式行走机构

轮式行走机器人一般有驱动轮和自位轮，或有驱动轮和转向机构用来转弯。适合平地行走，不能跨越过大高度，不能爬楼梯（图6-17）。

图6-17　轮式行走机构

轮式机器人可有效解决固定式机器人工作空间受限制的不足，应用在光或磁自动引导车、智能遥控车、探索机器人和服务机器人等领域。

（2）履带式行走机构

特点：可以在有一定凸凹的地面上行走，可以跨越障碍物，能爬梯度不太高的台阶。依靠左右两个履带的速度差转弯，但会产生滑动，转弯阻力大，且不能准确地确定回转半径（图6-18）。

图6-18　履带行走机构

（3）步行式行走机构

步行式行走机器人的典型特征是不仅能在平地上和凹凸不平的地上步行，还能跨越沟壑，上下台阶，对行走的路状具有较好的适应性。

a）两足步行机构

控制特点：使机器人的重心在接地的脚掌上，机器人一边不断取得准静态平衡，一边稳定地步行（图6-19）。结构特点：为了能变换方向和上下台阶，具备多个自由度。

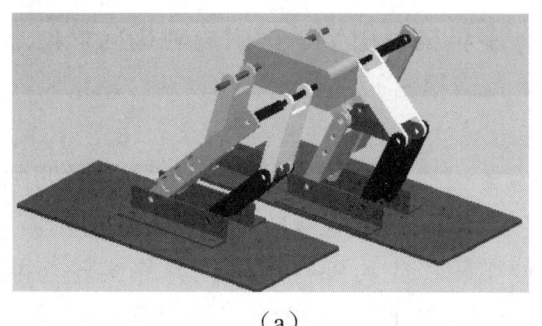 

（a）　　　　　　　　　　　（b）

图 6-19　两足行走机构

b）四足步行机构

特点：四足步行机构在重心前移和行走过程中，重心的水平高度变化较小，保证了机构的平稳性。

四足机器人步行时，一只脚抬起，三只脚支撑自重，这时需要调整身体，让重心落在三只脚的接地点组成的三角形内（图 6-20）。

图 6-20　四足行走机器人

c）其他行走机构

除了两足、四足外，还有六足行走机器人、爬壁机器人、车轮和脚混合式机器人、蛇形机械人等（图 6-21、图 6-22）。

图 6-21　蛇形机器人　　　　　图 6-22　六足行走机械人

莫星和罗智超被各种各样的行走机构吸引住了，围着阿极问这问那，过了好一阵，阿极才得以继续讲解机器人的精密减速器。

2. 精密减速器

在工业机器人中，精密减速器是最核心的零部件之一，最常用的两种减速器为谐波减速器（图6-23）和RV减速器（图6-24）。谐波减速器由波发生器、柔轮和刚轮组成，依靠波发生器使柔轮产生可弹性变形，并靠柔轮与刚轮啮合传递运动和动力。RV减速器由一个行星齿轮减速机的前级和摆线针轮减速机的后级组成。RV减速器广泛应用于高精度机器人传动。较于谐波减速器，RV减速器具有高精度、抗疲劳、高强度和使用寿命长，回差精度稳定等优点。通常六自由度的工业机器人有6个精密减速器，其中4个为RV减速器，2个为谐波减速器。

图 6-23　谐波减速器

图 6-24　RV 减速器

精密减速器能在这么小尺度中实现较大的传动比，莫星感觉很神奇。因为对谐波减速器的柔轮不太理解，阿极给他们看了一个谐波减速器的运行动画，当看到柔轮边变形边实现啮合传动时，他们一下就明白了，都大呼神奇。阿极继续给他们讲解机器人的执行机构。

3. 执行机构

机器人的末端执行机构一般为抓取机构，实现抓紧功能，图 6-25 所示为常见的抓取机构。

"这是一种'折纸伞式'的执行机构，它可以突破重量和不规则形状的限制。"阿极指着图 6-26 所示的机械爪机构说道。这种执行机构利用折叠伞骨架结构将大件物品包围，连接器将带有真空管的夹具连接到臂上，真空管从夹具中吸出空气，使其围绕物体折叠。抽真空后，夹具骨架折叠，便有了强大的力量可以紧紧咬住被夹持的对象。该设备能抓取易碎的物体而不破坏它们，同时仍然保持足够强的抓力，最高可抓取比自身重 120 倍的物体。其他的柔性机械爪结构如图 6-27 所示。

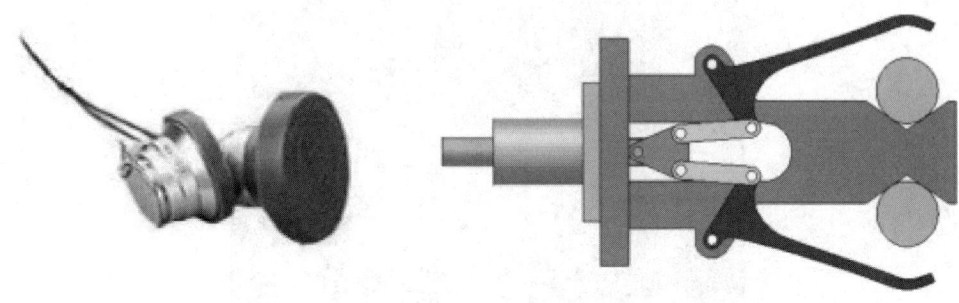

（a）吸附工具　　　　　　（b）滑块摇杆

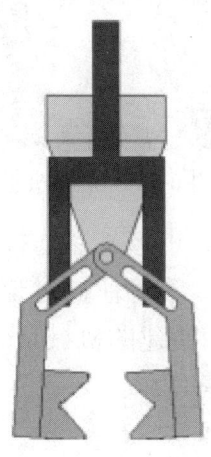

（c）双滑块

图 6-25　机械臂末端执行机构

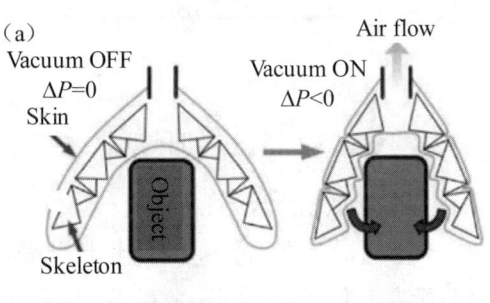

图 6-26　新型"折伞式"机械手臂

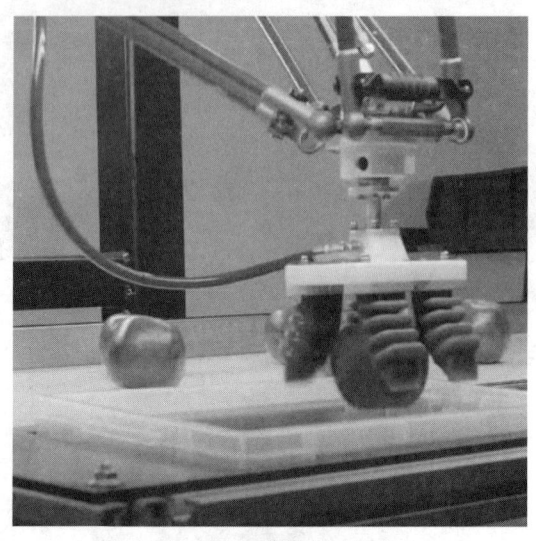

图 6-27 柔性机械爪

莫星看到这些机械爪机构，想起与在连杆机构家族中见到的一些夹紧机构类似，于是和罗智超讨论起来。不等他们讨论完，机器人阿极开始执行最后一个程序——给他们显示需要他们搭建的机械爪。莫星和罗智超很兴奋，立马过去机器人模块化搭建平台去构思搭建。

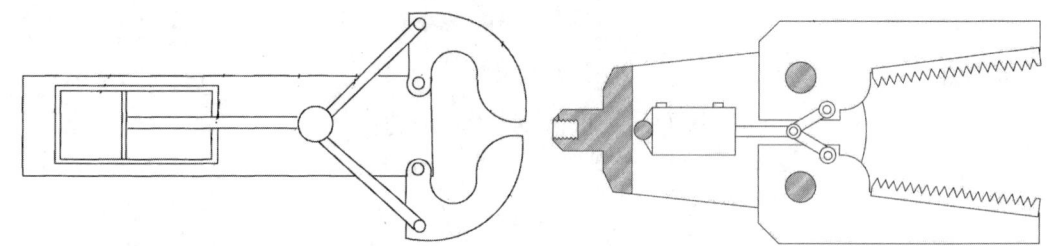

图 6-28 搭建的机械爪

莫星与罗智超各自构思机械爪机构，在机械王国待久了，两人搭建次数也多了，搭建比较熟练，不一会儿，他们就各自搭建出机械爪机构（图 6-28）。他们要阿极评价一下，阿极伸出他的摄像头，对着机械扫描了一番，最后蹦出三个字："都很好！"阿极把扫描的图形传送给 3D 打印机，一杯茶的工夫，他们搭建的机械爪模型就打印出来了，阿极把模型送给他们留念，莫星和罗智超都非常高兴。

太阳的余晖照在他们手中的机械爪机构上，拉动原动件，机械爪就执行抓紧与放开动作，像看动画似的。渐渐地，太阳光弱了，莫星和罗智超挥手与阿极告别。

随后，莫星也告别了罗智超，回他的客栈休息了，但头脑中还是显现各种组合机构、新型机构、机器人机构，莫星觉得这些机构真有意思。

第七章　效率、自锁与平衡

莫星在机械王国待了一段时间了，看到了很多能实现不同功能的机构，知道了一些评价机构性能的参数，但是否还有其他的参数呢？机构实际运行过程会碰到什么问题呢？他想去了解究竟。一查导游图，发现有一个机构运行研究所可以解决这些问题，于是约上罗智超，前去探访这个研究所。

机构运行研究所主要研究机械的效率、自锁、平衡等等，到了研究所，罗智超一眼看到老朋友晓妍，她是这里的助理研究员。晓妍也刚好有空，就带他们在研究所转转。先去效率室。

7.1　效率看性能

进了效率室，晓妍就给莫星和罗智超讲解效率的计算。机械效率 η 能反映输入功在机械中的有效作用程度，是机械的一个重要性能指标。它的计算很简单，就是机械的输出功与输入功之比，即

$$\eta = W_r / W_d = 1 - W_f / W_d \tag{7-1}$$

上式中，W_d 是作用在机械上的驱动功（输入功），W_r 是有效功（输出功），W_f 是损失功，它们之间的关系为

$$W_d = W_r + W_f \tag{7-2}$$

当然，机械效率还有多种计算方法，如用功率表示时为

$$\eta = P_r / P_d = 1 - P_f / P_d \tag{7-3}$$

式中，P_d、P_r、P_f 分别为输入功率、输出功率及损失功率。

工程实践中，由于摩擦损失不可避免，必有 $\eta < 1$。

通过晓妍的简单讲解，莫星明白了效率的作用与计算方法。之后晓妍带他们去了自锁室，让他们见识机械自锁的利与弊。

7.2　两难的自锁

自锁室有汽车千斤顶一类的机构，晓妍开始给他们介绍自锁的概念，"有

些机构由于摩擦的存在，无论施加多大的驱动力，也无法使它运动，这种现象称为机械的**自锁**"。

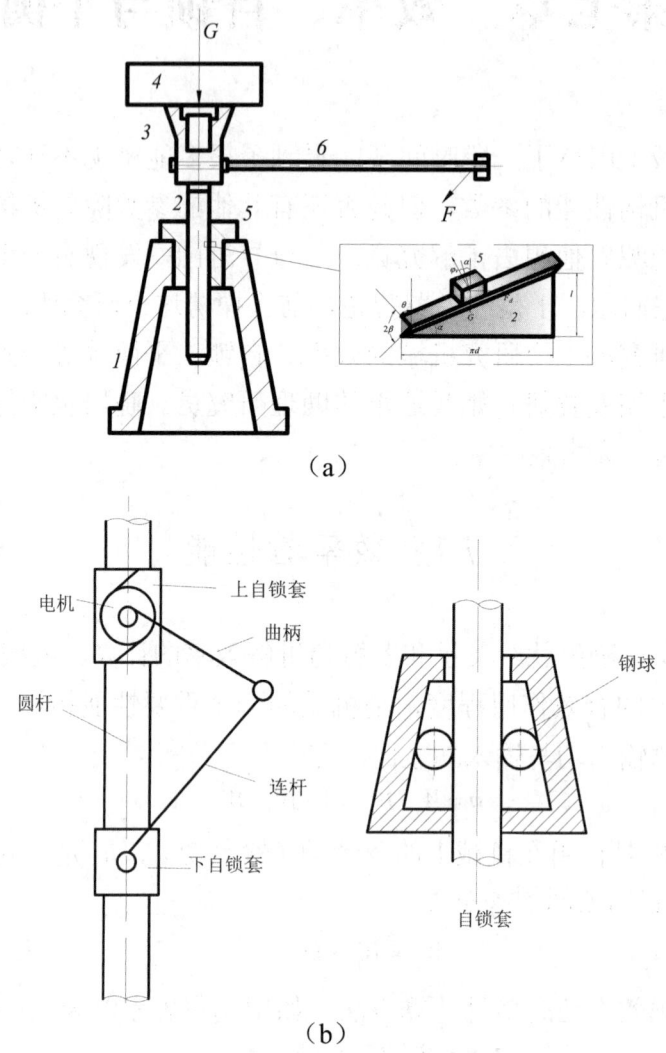

图 7-1 自锁装置
1—基座；2—螺杆；3—举升台；4—重物；5—螺母；6—加力手摇杆

自锁现象在机械工程应用中有利有弊。有时要避免自锁，如为使机械能够实现预期的运动，需要避免在所需的运动方向发生自锁；有时可以充分利用自锁特性进行安全保护或锁死，如图 7-1（a）所示的手摇螺旋千斤顶，当转动手摇杆 6 将物体 4 举起后，应保证不论物体 4 的重量多大，都不能驱动螺母 5 反转致使物体 4 自行降落。即要求该千斤顶在物体 4 的重力作用下，必须具有自锁性。工程中多数螺纹连接就是利用自锁性防松的。又如图 7-1（b）所示的爬杆机构，为防止机构从杆上滑下，采用了自锁套装置。

"那怎么判断自锁呢？"晓妍提问了，莫星和罗智超答不出来，晓妍笑了笑，继续讲解。

如图 7-2 所示，滑块 1 与平台 2 组成移动副。设 F 为作用在滑块 1 上的驱动力，它与接触面的法线 nn 间的夹角为 β（称为传动角），而摩擦角为 φ。如果在 $\beta \leqslant \varphi$ 的情况下，无论驱动力 F 多大（方向维持不变），驱动力的有效分力 F_t 总小于驱动力 F 本身引起的最大摩擦力 F_R，因而总不能推动滑块 1 运动，导致自锁。因此，在移动副中，如果作用于滑块上的驱动力与接触面法线方向的夹角小于摩擦角（即 $\beta \leqslant \varphi$）则发生自锁，这就是移动副发生自锁的条件。

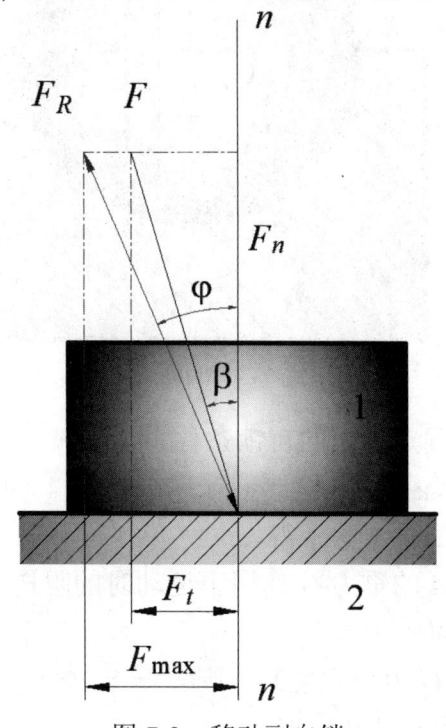

图 7-2 移动副自锁

在图 7-3 所示的转动副中，设作用在轴颈上的外载荷为单力 F，则当为 F 的作用线在摩擦圆之内时（即 $\alpha \leqslant \rho$），因它对轴颈中心的力矩 M_a 始终小于它本身受到的最大摩擦力矩 M_f，所以力 F 任意增大（力臂 a 保持不变），也不能驱使轴颈转动，即出现了自锁现象。因此，转动副发生自锁的条件为：作用在轴颈上的驱动力为单力 F，且作用于摩擦圆之内，即 $\alpha \leqslant \rho$。

上面讨论了单个运动副发生自锁的条件。对于一个机械，还可根据如下条件来判断机械是否会发生自锁。

机械自锁时，机械不能运动，则这时它所能克服的生产阻抗力 $G \leqslant 0$。可利用当驱动力作增大时，$G \leqslant 0$ 是否成立来判断机械是否自锁。

此外，当机械发生自锁时，驱动力所做的功 W_d 不足以克服它引起的最大损

失功 W_f,根据式(7-4),这时 $\eta \leq 0$。所以,当驱动力任意增大恒有 $\eta \leq 0$ 时,机械将发生自锁。

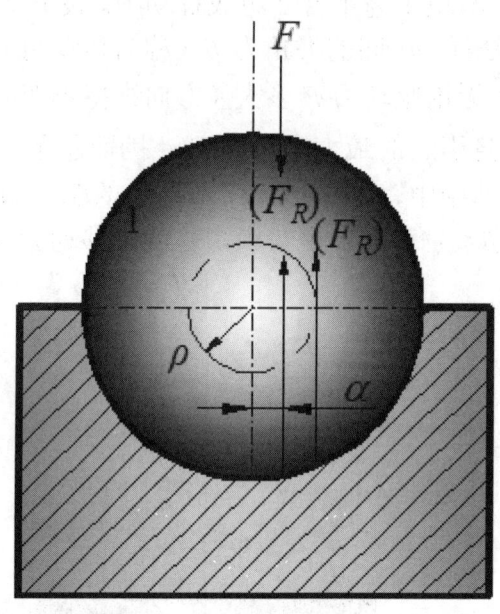

图 7-3 转动副自锁

下面举例说明如何确定机械的自锁条件。

如前所述,图 7-1(a)所示螺旋千斤顶在物体 4 的重力作用下,应具有自锁性,其自锁条件可按如下步骤求得。

螺旋千斤顶在物体 4 的重力 G 作用下运动时的阻抗力矩 M' 为

$$M' = d_2 G \tan(\alpha - \varphi_v)/2$$

令 $M' \leq 0$(驱动力 G 为任意值),则

$$\tan(\alpha - \varphi_v) \leq 0,即 \alpha \leq \varphi_v$$

即为螺旋千斤顶在物体 4 的重力作用下的自锁条件。

听到这里,莫星基本弄懂了如何判断自锁。这时晓妍把他们带到一个搭建平台,让他们试着判断什么情况下会发生自锁。晓妍给出了图 7-4 所示的钢锭抓取器模型,让他们分析是否发生自锁。

莫星和罗智超边讨论边列式计算,设抓取器与钢锭之间的正压力为 F_N,摩擦力为 F_f。要求钢锭不会滑脱,必须 $2F_f \geq G$,而 $F_f = fF_N$。

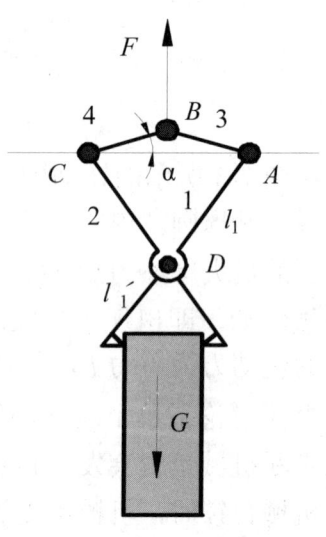

图 7-4 钢锭抓取器

由构件 1 的力平衡条件，作用于其上的力对 D 点取矩，有
$$F_N l_1' = F_{R31} l_1 \cos\alpha$$
由 B 点力的平衡条件有
$$2F_{R13}\sin\alpha = F = G$$
解得
$$\alpha \leqslant \arctan\left(\frac{l_1}{l_1'}\tan\varphi\right)$$
即为抓取器的自锁条件。他们把结果递给晓妍看，晓妍竖起大拇指连连称赞。接着带他们去平衡室。

7.3 平衡弱振动

进入平衡室，实验员正在紧张地进行转子平衡实验，莫星和罗智超想过去看看，晓妍拉住他们，示意不要打扰实验人员，由她给他们介绍。晓妍首先讲解了进行平衡实验的原因。

机械在运转时，构件运动产生的不平衡惯性力将在运动副中产生附加的动压力。这不仅会增大运动副中的摩擦力和构件中的内应力，降低机械效率和使用寿命，而且由于这些惯性力的大小和方向一般都是周期性变化的，所以将会引起机械及产生强迫振动。如果振幅较大，或振动频率接近系统的固有频率，将导致机械本身的工作性能和可靠性下降，零件材料内部疲劳损伤加剧，从而损坏机械设备，甚至危及人员的安全。

例如，质量为 6.8kg 的某航空电机的转子，工作转速为 9000r/min，若质心与转子轴线的偏距为 0.2mm，则该转子产生的离心惯性力为 1208N，约为转子自重的 18 倍。转子轴承处的动反力也是静止状态轴承反力的 18 倍。转速越高，产生的惯性力越大。

又如某航空发动机活塞的质量为 2.5kg，往复移动时的最大加速度为 6900m/s²，则活塞作用在连杆上的惯性力约为活塞自重的 704 倍。

因此需要对转子进行平衡，以减少惯性力，保护机械。对高速转子及其精密转子进行结构设计时，必须做平衡计算，以检查其惯性力和惯性力矩是否平衡。若不平衡，则需在结构上采取措施消除不平衡惯性力的影响，这一过程称为**转子的平衡设计**。

听完这些介绍，莫星基本知道了平衡设计的重要性。晓妍继续给他们介绍转子平衡的类型。

如图 7-5（a）所示的内燃机曲轴，结构上对回转轴线不对称。图 7-5（b）

所示盘状零件，由于尺寸、重量较大，设计时要留有穿钢丝绳的起吊孔，从而造成了转子的不平衡。在设计过程中，可利用在转子上加减配重的方法，使转子上的惯性力和惯性力偶矩的合力为零，即满足 $\sum F_i = 0$，$\sum M_i = 0$，使其回转轴线与中心主惯性轴线重合。

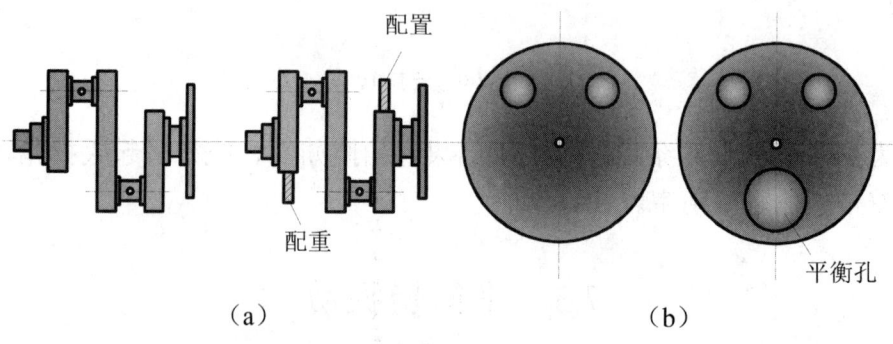

图 7-5　转子平衡示意图

1．刚性转子的静平衡设计

对宽径比小于 0.2 的圆盘状转子可进行静平衡设计。由于忽略了转子的宽度，转子上的不平衡质量可以认为集中在一个平衡面内。设计的关键问题是找出转子在该平面上应加或应减配重的大小与方位，平衡原理是转子上各不平衡质量所产生的离心惯性力与所加配重（或所减配重）所产生的离心惯性力的合力为零。

对静不平衡的转子进行静平衡设计，不论转子有多少个不平衡质量，都只需要在同一个平衡面内增加或去除一个平衡质量即可获得平衡，故转子的静平衡设计又称作单面平衡。

"还是动手做做静平衡实验吧"晓妍带他们到实验平台上，先讲解实验仪器和实验过程。

静平衡实验设备比较简单，一般采用带有两根平行导轨的静平衡架，为减少轴颈与导轨之间的摩擦，导轨的端口形状常做成刀口状和圆弧状。图 7-6 为静平衡实验示意图。其中图 7-6（b）为刀口式静平衡支架，图 7-6（c）为圆弧状静平衡支架。

静平衡实验的原理是重心居下。将一个具有偏心质量的圆盘状转子放在静平衡支架上，偏心重对其转动中心会产生一个重力矩 G_e，并驱动转子转动，直到重心位于正下方才会停止。进行静平衡实验时，首先调整好支架的水平状态，然后将转子轴颈放置在支架的一端，轻轻使转子向另一端滚动，待其静止时，在正上方做一标记，然后使转子反方向滚动，若转子仍在上次附近静止，说明该位置时的质心位于转子轴线的下方。在其上方加一配重或在下方减一配重，反复试验，直到该转子在任意位置都能静止，则说明转子的重心与其回转轴线趋于重合。

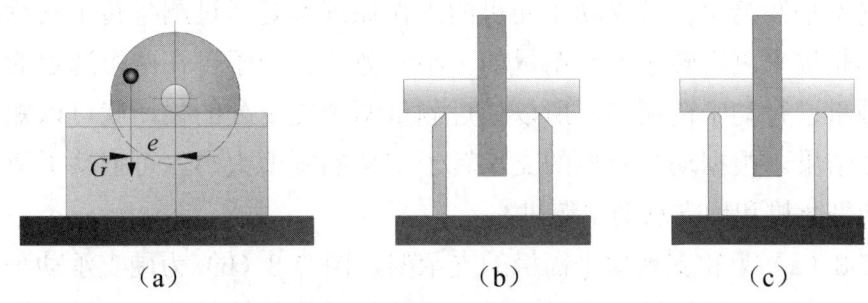

图 7-6 静平衡实验示意图

讲解完，晓妍就让他们动手试试。莫星和罗智超在静平衡实验架上做了一个转子的静平衡实验，并标记出不平衡质量的位置，晓妍也检查了一下，称赞他们做对了。莫星和罗智超都开心地笑起来。

接着晓妍给他们讲解转子动平衡。

2．刚性转子的动平衡设计

对于宽径比大于 0.2 的长圆柱状转子，由于不能忽略转子的宽度，转子上的不平衡质量不能视为集中在一个平面内，而是分布在多个平面内，如图 7-7 所示。这类转子的动平衡设计，要求转子在运转时各偏心质量产生的惯性力和惯性力偶矩同时得以平衡。

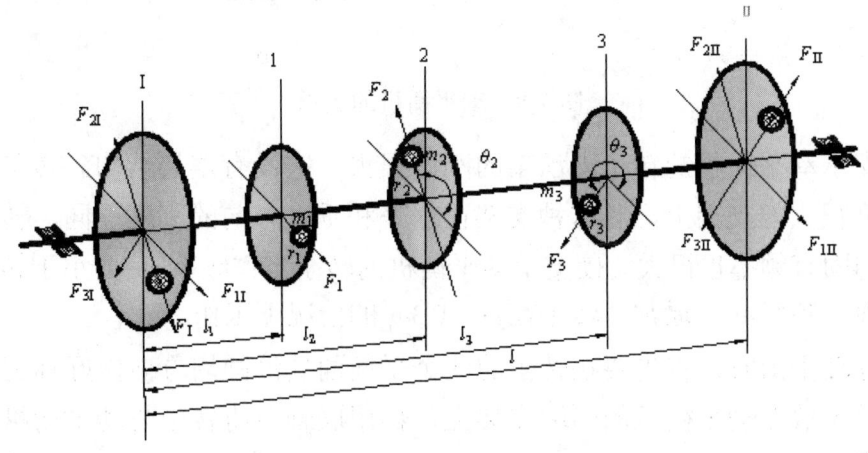

图 7-7 转子的动平衡

对于任何动不平衡的刚性转子，无论具有多少个偏心质量，以及分布于多少个回转平面内，都可以在任选的两个平衡基面上分别加上或减去一个适当的配重，使转子得到完全的平衡。故动平衡又称为**双面平衡**。

刚性转子的动平衡实验要在动平衡机上进行。转子不平衡而产生的离心惯性力和惯性力偶矩将使转子的支承产生强迫振动，转子支承处振动的强弱反映了转子的不平衡情况。各类动平衡机的工作原理都是通过测量转子支承处的振动强度和相位来测定转子不平衡量的大小与方位。由于可在两个选定的平面上加重或减重进行动平衡调节，所以通过测量两个支承处的振动就可以知道两平面的平衡结果。根据动平衡机的支承转子支架的刚度大小，可把动平衡机分为软支承动平衡机和硬支承动平衡机。

图 7-8（a）为软支承动平衡机的支承架，图 7-8（b）为硬支承动平衡机的支承架。软支承动平衡机的转子支承架由两片弹簧悬挂起来，可以沿振动方向往复摆动，因而支承架也称摆架，其刚度较小，故称之为软支承动平衡机。软支承动平衡机的转子工作频率 ω 要超过转子支承系统的固有频率 ω_n，一般情况下，转子在 $\omega \geqslant 2\omega_n$ 的情况下工作。

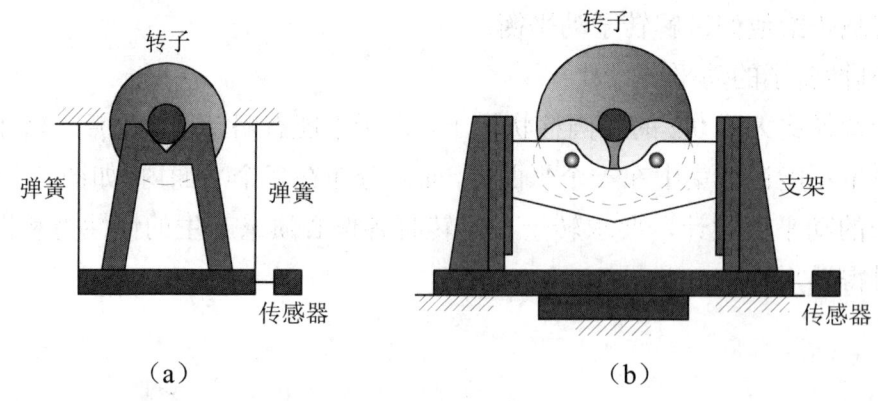

图 7-8　动平衡机的支承

硬支承动平衡机的转子支承架的刚度很大，它没有摆架结构。转子直接支承在刚度很大的支架上，且这种支架在水平和垂直方向的刚度不同，转子及支承系统的固有频率也很大。硬支承动平衡机的转子工作频率 ω 要小于转子支承系统的固有频率 ω_n，通常，转子在 $\omega \leqslant 0.3\omega_n$ 的情况下工作。

进行动平衡时，首先要在转子的两个平衡面处沿圆周方向做好标记，然后将转子轴颈放在动平衡机的两端支架上，再用联轴节将转子与动平衡机主轴连接起来，选择平衡面并调整各测量装置，即可进行动平衡实验。

晓妍演示了动平衡实验，他们看得很仔细，也渐渐理解了转子的动平衡。晓妍告诉他们，动平衡的转子能够保持静平衡，但静平衡的转子不一定能保持动平衡。

之后，晓妍还带莫星与罗智超参观了机构平衡实验室、动力方程研究室、速度波动调节研究室等部门，两人对机械一些运行分析参数与过程有了大致了解，感觉设计机械还是挺有意思的。晓妍建议他们后面碰到实际问题再找书仔细看看。

一个上午不停在研究所转，莫星和罗智超都比较累了，就跟晓妍道谢告别，离开研究所去吃午餐，边吃边欣赏街上来来往往的各类机构。

告别王国再出发

时间飞逝,转眼间莫星已在机械王国游玩了三周,也基本游览了王国的各个角落,深感机械王国的奇妙。

刚到机械王国时,认识了由构件与运动副合作组成的机构,机构具有确定的运动,并能完成预期的功能。

在连杆机构家族,了解了连杆机构的演变过程,各类连杆机构之间的相互联系等。掌握了连杆机构具有曲柄的条件,压力角、传动角、死点位置、极位夹角、急回特性等知识,并能设计简单的连杆机构。

在凸轮家族,知道了各种各样凸轮机构的组成及应用,凸轮机构的基本参数、凸轮从动件的运动规律,以及如何设计凸轮轮廓等。

在齿轮家族,弄清了齿轮形状与用途、齿轮参数、正确啮合条件、齿轮系的功能等,能够设计简单的齿轮机构。

在间歇机构家族,了解了棘轮棘爪机构、槽轮机构、不完全齿轮、擒纵机构、螺旋机构、万向联轴器、挠性传动机构等的运动原理与应用。

在组合机构家族,看到了杆机构与凸轮机构的组合、杆机构与齿轮机构的组合以及新型机构(如广义机构、柔顺机构、变胞机构等)、机器人机构等。

在机械运行研究所,知道了机械效率、机械自锁、转子平衡等知识,能够评价与调节机构。

莫星一边回忆在机械王国学到的机械原理知识,一边整理好行李,特别是把收到的连杆机构、机械爪等礼物小心翼翼地收好。

这时罗智超过来找他话别。两人聊了很久,直到莫星的腕表提醒他返程的列车快到了,才和罗智超告别,直奔高铁站,坐上21号返程列车。这时车上正播放着机械原理知识。

莫星在想,机械王国是游完了,但为机械工程创新的任务远未结束,回去后,要继续学习机械相关知识,参加科技竞赛活动,创造新机械,为人类的美好生活而奋斗!

参 考 文 献

[1] 邹慧君，张春林，李杞仪. 机械原理（第二版）. 北京：高等教育出版社，2006.

[2] 孙桓，陈作模，葛文杰. 机械原理（第七版）. 北京：高等教育出版社，2006.

[3] 王德伦，高媛. 机械原理. 北京：机械工业出版社，2011.

[4] 华大年，华志宏. 连杆机构设计与应用创新. 北京：机械工业出版社，2008.

[5] 张策. 机械原理与机械设计. 北京：机械工业出版社，2011.

[6] 廖汉元，孔建益. 机械原理（第二版）. 北京：机械工业出版社，2010.

[7] 张春林，张颖. 机械原理. 北京：机械工业出版社，2012.

[8] 马履中. 机械原理与设计（上册）. 北京：机械工业出版社，2009.

[9] 江帆，韩立发，董克权. 机械原理. 北京：机械工业出版社，2013.

[10] 于靖. 机械原理. 北京：机械工业出版社，2013.

[11] 江帆，张春良，孙骅，等. 融合研究性学习与 CDIO 的机械设计实践教学. 实验室研究与探索，2010，29（8）：267-270.

[12] 江帆. TRIZ 工程创新教育理论初探. 井冈山大学学报自然科学版，2011，32（2）：123-126.

[13] 江帆，孙骅，胡一丹，等. 基于 TRIZ 理论的机械基础创新实验教学体系的构建. 装备制造技术，2010，2：190-192.

[14] 江帆，孙骅，庾在海，等. 基于 TRIZ 理论机械原理实验教学实施策略研究. 理工高教研究，2010，29（3）：108-110.

[15] 江帆，孙骅，王一军，等. TRIZ 理论在机械原理实验教学管理中的应用. 实验科学与技术，2010，8（2）：140-143.

[16] 江帆，张春良，王一军，等. 机械专业 CDIO 培养模式探索. 装备制造技术，2010，6：192-194.

[17] 江帆，孙骅，梁忠伟，等. 基于研究性教学的机械原理实践教学. 中国现代教育装备，2010，11：62-64.

[18] 江帆，张春良，王一军，等. 基于 CDIO 的教学管理模式探讨. 2011 北京 CDIO 区域性国际会议论文集. 北京：北京交通出版社，2012：5.

[19] 江帆，董克权，庞小兵. 机械原理. 北京：高等教育出版社，2020.

[20] 江帆. TRIZ 创新应用与创新工程教育研究. 北京：北京理工大学出版社，2013.

[21] 江帆. TRIZ 与可拓学比较及融合机制研究. 北京：北京理工大学出版社，2015.

[22] 江帆等. 基于 TRIZ 理论的滚筒球磨机密封结构创新设计. 矿山机械，2010，38（5）：70-72.

[23] 江帆等. 基于 TRIZ 理论的教学仪器——汽车气体污染测试舱设计. 现代制造技术与装备，2010，2：10-11.

[24] 江帆，王一军，胡一丹. 基于 TRIZ 理论的机构创新设计实例分析. 广州大学学报（自然科学版），2013，12（1）：75-60.

[25] 江帆，何华. 双螺旋驱动的血管机器人绿色设计. 广州大学学报，2012，11（1）：87-95.

[26] 江帆，杨鹏海. TRIZ 理论与可拓学的融合方法研究. 广州大学学报（自然科学版），2014，13（6）：59-53.

[27] 江帆，黄春燕，杨鹏海，等. 螺旋驱动血管机器人外结构参数优化. 宁夏大学学报，2013，34（4）：327-331.

[28] 江帆，方伟中，岳鹏飞，等. 基于 TRIZ 与可拓学的半自动手推叉车设计. 广州大学学报，2016，15（2）：76-80.

[29] 江帆，张春良，王一军，等. 基于可拓学的 CDIO 教学管理研究. 教学研究，2013，36（5）：39-41.

[30] 江帆，方伟中，岳鹏飞. 基于理想优度的包装升降装置运动方案设计. 包装工程，2016，37（7）：11-15.

[31] 江帆，张春良，王一军，等. 机械专业学生主动实践能力培养体系构建. 高等工程教育研究，2016，1：187-192.

[32] 江帆，张春良，萧仲敏，等. 机械专业创新创业教育的建构. 高等工程教育研究，2018，6：168-173.

[33] 江帆，黎斯杰. 今天你创新了吗——TRIZ 创新小故事. 北京：知识产权出版社，2017.

[34] 江帆，陈江栋. TRIZ 王国游历记. 北京：知识产权出版社，2019.

[35] 江帆，陈江栋，戴杰涛. 创新方法与创新设计. 北京：机械工业出版社，2019.

[36] 江帆，陈江栋，萧仲敏，等//高校机械类课程报告论坛. 面向机械原理课程的 TRIZ 进化创新案例分析. 北京：高等教育出版社，2018.

[37] 江帆,萧仲敏,吴文强,等. 基于可拓学的机械原理教具设计. 广东教育装备,2018,10:39-42.

[38] 江帆,萧仲敏,吴文强,等. 基于可拓共轭的实验室安全管理研究. 实验技术与管理,2018,35(12):259-262.

[39] 江帆,张春良,王一军,等. 拓展分析方法在机械设计教学中的应用. 机械设计,2018,35(7S2):206-209.

[40] 江帆,凌程祥. 基于可拓学的船用海水淡化装置的喷射器设计. 水处理技术,2015,12:122-125.

[41] 江帆,陈玉梁,陈江栋,等. 基于TRIZ与可拓学的盘类铸件打磨方案设计. 广东工业大学学报,2019,36(2):1-6.

[42] 江帆,卢浩然,陈玉梁,等. 基于TRIZ与可拓学的可变面积方桌设计. 广东工业大学学报,2019,36(2):7-12.

[43] 江帆,张春良,王一军,等. "机械原理"MOOC教学设计. 工业与信息化教育,2017,7:33-37.